西川正子 著

統計学 One Point 12

カプラン・マイヤー法

生存時間解析の基本手法

共立出版

「統計学 One Point」編集委員会

鎌倉稔成　　（中央大学理工学部，委員長）
江口真透　　（統計数理研究所）
大草孝介　　（九州大学大学院芸術工学研究院）
酒折文武　　（中央大学理工学部）
瀬尾　隆　　（東京理科大学理学部）
椿　広計　　（独立行政法人統計センター）
西井龍映　　（九州大学マス・フォア・インダストリ研究所）
松田安昌　　（東北大学大学院経済学研究科）
森　裕一　　（岡山理科大学経営学部）
宿久　洋　　（同志社大学文化情報学部）
渡辺美智子　（慶應義塾大学大学院健康マネジメント研究科）

「統計学 One Point」刊行にあたって

　まず述べねばならないのは，著名な先人たちが編纂された共立出版の『数学ワンポイント双書』が本シリーズのベースにあり，編集委員の多くがこの書物のお世話になった世代ということである．この『数学ワンポイント双書』は数学を理解する上で，学生が理解困難と思われる急所を理解するために編纂された秀作本である．

　現在，統計学は，経済学，数学，工学，医学，薬学，生物学，心理学，商学など，幅広い分野で活用されており，その基本となる考え方・方法論が様々な分野に散逸する結果となっている．統計学は，それぞれの分野で必要に応じて発展すればよいという考え方もある．しかしながら統計を専門とする学科が分散している状況の我が国においては，統計学の個々の要素を構成する考え方や手法を，網羅的に取り上げる本シリーズは，統計学の発展に大きく寄与できると確信するものである．さらに今日，ビッグデータや生産の効率化，人工知能，IoT など，統計学をそれらの分析ツールとして活用すべしという要求が高まっており，時代の要請も機が熟したと考えられる．

　本シリーズでは，難解な部分を解説することも考えているが，主として個々の手法を紹介し，大学で統計学を履修している学生の副読本，あるいは大学院生の専門家への橋渡し，また統計学に興味を持っている研究者・技術者の統計的手法の習得を目標として，様々な用途に活用していただくことを期待している．

　本シリーズを進めるにあたり，それぞれの分野において第一線で研究されている経験豊かな先生方に執筆をお願いした．素晴らしい原稿を執筆していただいた著者に感謝申し上げたい．また各巻のテーマの検討，著者への執筆依頼，原稿の閲読を担っていただいた編集委員の方々のご努力に感謝の意を表するものである．

編集委員会を代表して　鎌倉稔成

まえがき

　研究計画により定義された「イベント」発現までの時間を観察して，それらのデータ解析をすることは生存時間解析という言葉で呼ばれている．生存時間解析の基本は，まず，対象集団の生存関数の推定に始まる．カプラン・マイヤー法（KM法）は，「イベント」発現までの時間の経時的な発現／非発現状況の分布を要約し，生存関数を推定する方法として広く用いられている．汎用の解析ソフトも豊富である．

　筆者の専門分野は英語ではBiostatisticsと呼ばれるが，日本語としては応用領域名をつけて様々に翻訳されている．例えば，生物統計，医学統計，医療統計，バイオ統計，臨床統計，医薬統計などと訳されて使われている（研究内容はほぼ同じ）．筆者のBiostatisticsの応用分野（医学・薬学）では，「イベント」を適切に定義した研究が行われ，人の生存時間を延長させるような医療技術が研究開発されている．筆者は医学・薬学分野の研究者から研究計画やデータ解析に関する相談や質問を受けることが多い．本書は統計学One Pointシリーズの主旨に沿って，そのような相談の中で，統計の非専門家がわかりにくいと感じている部分をできるだけわかりやすく解説することを心がけた．

　KM法は生存時間解析において広く知られている方法であるためか，イベント発現までの時間を評価する場合は必ずKM法を用いることができる（妥当である）という誤解もユーザーの間で散見される．KM法はノンパラメトリック法であるが，仮定や条件は何もいらないというわけではない．KM法の仮定を満たさない状況でKM法を用いた研究者が，結果がおかしいことをKM法がおかしいと言っているのを耳にしたことがあったが，このような言いがかりをつけられたらKaplan and Meier (1958) が気の毒である．研究者の方が，仮定や条件を理解しKM法を適切に利用すべきである．

第1章では統計の基礎知識があまりなくても理解できるように，数値例を用いて，KM法や，解析ソフトから出力される生存率の信頼区間，生存関数の信頼帯，生存時間中央値やパーセント点およびそれらの信頼区間について説明し，文献での適用例を紹介している．

　本シリーズでは，つまずきやすいと思われるポイントをわかりやすく解説することを要点の一つにしている．筆者が受けている日頃の統計相談で，イベント発現までの時間の順位の付け方について時々誤解が見られたので，いくつかの順位の付け方と使い分けを詳しく説明した．KM法は推定方法自体がシンプルな計算で可能ではあるが，数式等で表現する際に，書籍等では数通りの方法が使われている．いずれの方法でも同一の結果を得ることができるが，一見すると異なるように見えるこれらの表現についても丁寧に解説した．

　信頼区間や信頼帯の導出方法の解説では図を多く用いて，複数の方法の差異をわかりやすく示した．第2章では，生存時間解析の初心者向けの発展的内容として，生存時間解析においてよく用いられる分布とその特徴，それを利用したシミュレーション実験方法をわかりやすく解説した．

　以下の内容は日本語の書籍にはほとんど書かれていないので，それらについて，統計の基礎知識程度があればわかるように説明した．

　まず，第1章にKM法の仮定と，右側再分配の特性について数値例を用いて解説した．また，右側再分配の特性に基づくKM法の全く別の表現を第4章に解説した．応用では，KM法の仮定が成り立たないような競合リスクが存在する場合，KM法の誤用事例が散見される．第4章に，そのような場合でのKM法の適切な利用法とイベント発現率の推定方法を，数値例を用いながら解説した．

　観測データに区間打切りデータが存在する場合にもKM法は頻用されている．著者がKM法を詳細に研究するようになった契機は，第3章に紹介している部分的区間打切りデータの解析であった．右側中途打切りデータがある場合の1点代入法で，直感的には矛盾するように見える事実に出会い，当初はソフトウエアが間違っているのではないかと思った

ほどであった．この問題点とその原因を，数値例により第 1 章および第 3 章に説明した．区間打切りデータをそのまま用いて生存関数を推定するターンブル法を解説し，シミュレーション実験により 1 点代入法とターンブル法を比較した結果も示した．

One Point シリーズは，初学者にもわかるように，という企画であるから，カプラン・マイヤー法に関する理論の詳細にはあまり立ち入らず，シリーズの範囲を超えるような高度な箇所は簡単な説明にとどめた．その分，詳細について深い自習ができるように多くの参考文献を紹介した．日本語の成書として翻訳本が出版されている場合には，著者の知る限り参考文献リストに含めた．本書執筆の過程で科学研究費助成事業基盤研究 (C) の援助を受けた．例題用にデータの使用を快諾いただいた小林秀嗣博士（三井記念病院），乳癌領域の研究を例題として紹介する際に助言を頂いた永崎栄次郎博士（東京慈恵会医科大学）に感謝いたします．また，陰ながら助言を頂いた H 氏，図表の編集作業などに協力いただいた K 氏，T 氏に感謝いたします．

最後に，出版の機会を与えていただいた共立出版編集部および統計学 One Point シリーズ編集委員の先生方，閲読していただいた先生方，本書の編集を丹念に担当していただいた共立出版編集部の方，そして本シリーズを企画された鎌倉稔成教授に深く感謝申し上げます．

2019 年 3 月

西川正子

目　次

第1章　生存時間解析と生存関数の推定　　*1*

- 1.1　生存時間解析の基礎事項　……………………………………*2*
  - 1.1.1　打切り　………………………………………………*2*
  - 1.1.2　生存関数　……………………………………………*10*
  - 1.1.3　ハザード　……………………………………………*11*
- 1.2　カプラン・マイヤー法を用いた推定　……………………*14*
  - 1.2.1　数値例を用いた生存関数推定　…………………*15*
  - 1.2.2　カプラン・マイヤー法の一般的な表現　………*24*
  - 1.2.3　最長の観測データが打切りまでの時間である場合　……*37*
  - 1.2.4　生存関数の信頼区間と信頼帯　…………………*39*
  - 1.2.5　生存時間中央値およびパーセント点の推定　……*46*
  - 1.2.6　生存時間中央値およびパーセント点の信頼区間　……*52*
- 1.3　生存関数推定の例題　…………………………………………*54*
  - 1.3.1　右側打切りデータがない場合　…………………*54*
  - 1.3.2　右側打切りデータが多い場合　…………………*57*
- 1.4　カプラン・マイヤー法の右側再分配の特性　……………*59*
  - 1.4.1　右側再分配の数値例　……………………………*61*
  - 1.4.2　生存時間と生存率のパラドクス　………………*65*
- 1.5　カプラン・マイヤー法の適用例　……………………………*73*
  - 1.5.1　転移性メラノーマ患者の無増悪生存率および生存率　……*74*
  - 1.5.2　乳癌患者の生存率および無病生存率　…………*77*
  - 1.5.3　小児慢性腎疾患の腎生存率　……………………*78*

第2章　生存時間解析に用いられる代表的な分布　　*83*

- 2.1　指数分布　………………………………………………………*83*

　　　　2.1.1　シミュレーションでの留意点……………………………… *86*
　2.2　ワイブル分布 ……………………………………………………… *89*

第3章　区間打切りデータが含まれるときの生存関数の推定　　*95*
　3.1　区間打切りデータ………………………………………………… *95*
　3.2　区間打切りデータのタイプ……………………………………… *98*
　3.3　1点代入後にカプラン・マイヤー法を用いる方法…………… *99*
　　　　3.3.1　1点代入法のパラドクス……………………………… *100*
　3.4　区間打切りデータとして扱う推定方法………………………… *104*
　3.5　シミュレーションによる推定方法の比較……………………… *107*
　3.6　無増悪生存率の推定事例………………………………………… *114*

第4章　競合リスクが存在するときの累積発現率の推定　　*117*
　4.1　競合リスク ………………………………………………………… *118*
　4.2　競合リスクの数値例……………………………………………… *122*
　　　　4.2.1　臨床試験における有害事象…………………………… *122*
　　　　4.2.2　カプラン・マイヤー法による意外な結果…………… *125*
　4.3　イベント発現までの時間の分布の要約………………………… *128*
　4.4　累積発生関数の推定……………………………………………… *131*
　　　　4.4.1　数値例を用いた推定…………………………………… *131*
　　　　4.4.2　一般的な推定方法……………………………………… *138*
　4.5　有害事象の重症度を加味した累積発現率……………………… *142*
　　　　4.5.1　重症度別累積発生関数………………………………… *144*
　4.6　カプラン・マイヤー法を用いる問題点………………………… *147*
　4.7　カプラン・マイヤー法の別の表現……………………………… *151*
　4.8　準競合リスクにおける推測とカプラン・マイヤー法………… *152*
　4.9　累積発生関数とカプラン・マイヤー法の適用例……………… *155*
　　　　4.9.1　軽快退院と死亡退院…………………………………… *155*
　　　　4.9.2　高齢乳癌患者の乳癌死亡率と乳癌関連の
　　　　　　　イベント発現率………………………………………… *159*

付録 A

A.1 方法 B における $\hat{S}(t)$ の表現（1.2.2 項）……………163

A.2 方法 C における式 (1.11) の導出（1.2.2 項）……………164

A.3 方法 D における $\hat{S}(t)$ の表現（1.2.2 項）……………166

A.4 信頼係数 $100(1-\alpha)\%$ の信頼帯（1.2.4 項）……………168

 A.4.1 等精度信頼帯 ……………168

 A.4.2 ハル・ウェルナー信頼帯 ……………169

A.5 SAS によるプログラミング例（1.2.4 項）……………170

参考文献　　172

索　引　　179

第1章

生存時間解析と生存関数の推定

　生存時間解析 (survival analysis, survival data analysis, lifetime data analysis) と呼ばれる手法は，医学生物統計学，工学，経済学等の分野で広く利用されている．

　「生存時間」という言葉が入っているが，一般的に，ある起点から特定の事象（イベント）が起こるまでの時間，すなわちイベント発現までの時間という広い意味を，代表の言葉として「生存時間」という用語で呼び，イベント発現までの時間の解析（分析）を「生存時間」解析や failure time analysis という言葉で呼んでいる．医学生物統計学において，イベントとしては文字通り死亡／生存というもののほかに，たとえば，無増悪生存時間では，増悪か死亡のいずれか早く起きるものをイベントと定義する．ある疾病の治療開始から副作用（合併症）発現までの時間では，注目している副作用（合併症）の発現をイベントと定義する．また，ある疾病の治療開始から治癒までの時間では，治癒をイベントとして定義する．このイベントは起きた方が好ましいというイベントである．このようなデータの解析にも生存時間解析と呼ばれる方法が使われている．

　本書では特に断らない場合，一般的なイベントという意味で「死亡」を，イベント発現までの時間という意味で「生存時間」という用語を用いる．「生存時間」の特徴として，何らかの理由によりイベント発現まで観察ができず，イベント発現までの時間は「ある期間以上」という右側打切りデータで得られることも多い．このような観察打切りデータが存在する

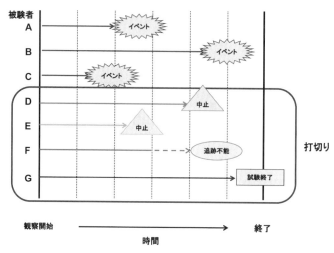

図 1.1　イベント発現についてのフォローアップ研究

という前提で，「生存時間」を適切に評価する様々な生存時間解析方法が発展してきた．生存時間解析方法を大別すると，1 標本の生存関数などの推定，2（以上の）標本の検定（比較），共変量のモデル化（回帰モデル）に分類できる．本書では，推定を中心に扱い，一般的な 1 標本の生存時間の推定で最も汎用されているカプラン・マイヤー法による推定について解説する．次に，カプラン・マイヤー法が利用されるいくつかの場面と応用方法および問題点等について述べる．本書の例題としては，筆者の専門分野である医学生物統計学におけるものを取り上げる．

1.1　生存時間解析の基礎事項

1.1.1　打切り

　介入研究または観察研究において，被験者を研究計画に従ってずっとフォローしていく場合，図 1.1 のように，研究計画で定義したイベントがすべての被験者において観測されるとは限らない．

　イベントが観測されずに研究計画で設定した観察期間が終了したり（被験者 G），観察の途中で被験者の状態が悪くなり介入処理を中止し研究か

ら離脱して観察を打ち切ったり（被験者Dなど），被験者が来院せずに追跡不能になったり（被験者F）することがある．このようにしてイベントが発現する前に観察が打ち切られてイベントの発現を確認できないような場合が起こる．これを観察打切り（観察中途打切り），またはセンサー (censor) と呼び，そのような被験者は観察打切り例（観察中途打切り例），または単に打切り例やセンサー例と呼ばれる．読者の中には「打ち切り例」という表記を目にしたこともあるかもしれない．ここでは，JISの定義に従って名詞として使用するときは，「打切り」と表記する．イベント発現までの時間について「ある期間以上」ということしかわからないデータは，右側打切りデータ (right-censored data) と呼ばれる．生存時間解析では，通常，打切り例を含む標本を対象とする．

　生存関数等の推定に偏りを与えない観察打切りは，（観察打切りになったこと（理由）がイベントの起こりやすさに予見性を与えない）無情報な打切り（無情報センサー：non-informative censoring）であり，以下の2つが典型的な無情報な打切りの例である．

　1つ目は，研究計画により観察期間または観察終了日付があらかじめ決められているために，その時点までフォローしたがイベントが発現せず（イベントの発現が確認されず）に観察打切りになる場合で，タイプⅠ打切り (type Ⅰ censoring)，時間打切りなどと呼ばれる．

　動物実験や工業製品の寿命（劣化）試験では実験者が研究対象を同一の場所に集めて同一の時点から観察を開始できる．通常は観察の対象を管理しイベント発現の観察が可能な状態を維持できるので，観察期間が決まれば観察終了日付は全対象で共通となる．したがって，ここでは観察を開始してからの観察期間を定めることは，観察終了日付を定めることと同義になる．

　2つ目の典型的な無情報な打切りは，研究計画により最初のある個数のイベントの発現が確認された時点で試験を終了することが決められていて，そのためにその時点までにイベントの発現が確認されなかった個体についての観察を打ち切る場合で，タイプⅡ打切り (type Ⅱ censoring)，個数打切りなどと呼ばれる．このような研究デザインは試験期間を短縮した

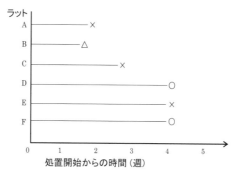

図 1.2 実験の終了をイベント発現数で決めている動物実験例（×：イベント発現，○：観察期間終了，△：打切り）

りコストを節約したりするために動物実験や工業製品の寿命試験ではよく用いられる．

たとえば，図 1.2 のような 6 匹のラットの実験で，処置の開始から合計で 3 匹に死亡または毒性の兆候（イベント）が確認された時点で実験全体としての観察を終了する場合を考える．近年では，動物愛護の精神から，死にかかった動物に実験を継続して死を待つより（死にかかった動物の苦痛を大きくしたり，苦痛を継続したりするだけより），動物の苦痛状態の許容限界基準を設けて，原則的に，動物をできる限り苦痛を与えない方法で安楽死させることが研究計画の中で決められている．動物実験では対象動物を同じ場所で同一の日に実験を開始できるので，カレンダー時間での観察期間と処置の開始時点からの観察期間は同一の時間軸となる．図 1.2 の横軸目盛りを日付にいれかえても図自体は変わらない．

図 1.2 では，ラット B が 1.7 週頃に観察打切りになっている．そのあと，ラット A で最初にイベント発現が確認され，次にラット C で，3 番目にラット E でイベント発現が確認されている．したがって，この日をもって実験全体が終了し，まだイベントが発現せず観察を継続していたラット D，および F の観察も打ち切られる．ラット D, F の観察打切りまでの時間は，処置の開始時点では未知であり，ほかのラットのイベント数によって確率的に定まっている．

ラットの実験では動物たちはケージの中で飼育，観察されているので，

実験者は打切りになった時点と理由を知っている．仮に，実験者が初心者であったとして次の2つの理由を仮定し，それによる打切りが無情報な打切りか否かを考えてみよう（実際の動物実験ではこれらの理由はほぼ皆無かもしれないが，実験者の非を責めずに，仮定したことをもとに考えてほしい）．

まずは，仮に，もし打切りの理由がラットBが行方不明になったからだとすれば，ラットBはどういう状況であったのか，ということを考えてみよう．ラットBはこの時点で観察打切りになり，これは処置の開始時点では未知であった．なぜラットBは行方不明になったのであろうか（実験者が不注意だったのかもしれないが，行方不明になったのは1匹だけである）．ラットは幼獣の間はマウスとあまり大きさは変わらないが，飼育者を見分けて馴れるといわれている．行方不明となったラットBは，ほかのラットよりも，実験者の目を盗んでケージを抜け出す（人の目を盗んで逃げ出すような）賢いラットだった，または実験者に噛みついて逃げ出すことができるような素早い動きをする元気なラットだったのかもしれない．

賢いネズミといえば，「トムとジェリー」に出てくる賢いネズミのジェリーがネコのトムをさらりとかわして逃げるシーンを連想するが，もし賢かったから逃げ出せた場合，賢いと処置の毒性（イベント）が出やすい／出にくいという関連性はないのかもしれない．しかし，処置前と同様に処置後にもずっと「賢い」ままでいるのであれば，処置によって脳に悪影響（毒性）はなかったのだろうと予想される．

一方，もしラットBが素早い動きをする元気なラットだったから逃げ出せた場合，ケージの中から出られなかったほかのラットたちよりも元気なので，ラットBは毒性の兆候が出にくい（イベントが起こりにくい）のではないかと推察される．そうするとラットBの観察打切りは，必ずしも無情報な打切りとはいえないであろう．

次に，仮に，打切りの理由が，ラットBの身体状態が悪くなり，苦しそうな状態を見た実験者が同情し，動物の状態は研究計画で定められた安楽死基準を満たしていなかったが，安楽死させたから（そして観察を打ち

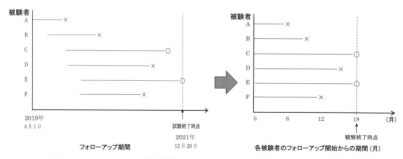

図 1.3 個人ごとの観察期間の長さが一定に決められている研究例

切り，「打切り」と記録した）だとする．このようなラット B の観察打切りは無情報な打切りだろうか．ラット B は研究計画で定義されたほどの毒性の兆候を呈していなくても，ケージの中で飼育が続いているほかのラットたちよりも，身体状態は悪かった．ラット B でのイベントの起こりやすさは，ケージの中で飼育が続いているほかのラットたちと同じと見なしてよい（無情報な打切り）だろうか．

　観察打切りには常に何らかの理由がある．典型的な「無情報な打切り」以外の「打切り」は，必ずしも無情報な打切りとは限らない．

　タイプ I 打切りとタイプ II 打切りを，人を対象とする臨床研究の状況で考えてみよう．時間打切りは，観察期間 24 週の研究，または観察終了の日時などがあらかじめ決められた研究などが該当する．人を対象とする研究では，一般的にはこの 2 つの決め方による観察期間は同義ではない．たとえば，図 1.3 のような肺癌患者（被験者）6 名を対象とし，治療を開始してからイベント（死亡）までの時間を各個人ごとに 18 ヶ月間観察する臨床研究を考える．

　図 1.3（左）のように，研究全体としての開始は 2019 年 4 月 1 日からであるが，通常は，被験者の登録時点は実際のカレンダー時間ではそれぞれで異なっている．図 1.3 の被験者 A, B, D, F は規定の観察期間（18 ヶ月）以内にイベントの発現が確認されているが，被験者 C, E では規定の観察期間 18 ヶ月に到達してもイベントの発現が確認されずに観察期間が終了している．研究全体の終点は登録時点から規定の観察期間または

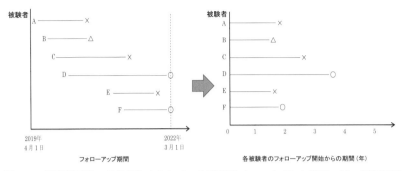

図 1.4 観察終了時の日付が決められている研究例（×：イベント発現，○：観察期間終了，△：追跡不能）

イベント発現までに経過した時間のうちカレンダー時間で最も遅い時点（被験者 E の観察終了時点）となる．このデータを，図 1.1 のように，それぞれの被験者の登録時点を起点 0 としたイベント発現までの時間として図 1.3（右）に示した．通常のデータ解析ではこのような見方をする．確認されているイベントは規定の観察期間（18 ヶ月）以内に発現したもののみで，それ以降に発現する場合は 18 ヶ月で観察打切り（右側打切りデータ）になる．規定の観察期間が終了し研究も終了するが，被験者 C, E ではイベント発現までの時間は観察打切りになっているという用語の使い方に注意をしてほしい．観察期間が全被験者で一定である研究では，被験者の観察が計画通りに実施可能であれば，観察打切りまでの時間も全被験者で共通となる．

次に，全被験者のイベント（死亡）発現までの時間の観察終了時点が図 1.4 のように計画により 2022 年 3 月 1 日と決められている臨床研究を考える．

図 1.4（左）のように被験者の登録時点は実際のカレンダー時間ではそれぞれ異なるのは図 1.3（左）と同様であるが，図 1.4 では，被験者が登録されたときにその被験者の観察期間（計画された観察打切りまでの時間）が 2022 年 3 月 1 日と登録時点との差として定まり，その時間は被験者ごとに異なる．登録が早いほど観察期間（計画された観察打切りまでの時間）は長く，たとえば，図 1.4 の被験者 D の観察打切りまでの時間は，

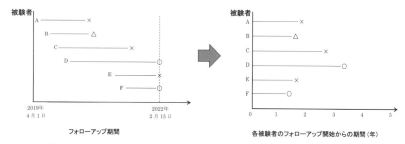

図 1.5 観察終了時点がイベント発現数で決められている研究例(3 つのイベントが発現した時点で研究全体を終了する.×:イベント発現,◯:観察期間終了,△:追跡不能.)

D より遅く登録された被験者 F よりも長い.確認されているイベントは被験者 A, C, E のようにそれぞれの観察打切りまでの時間に到達する前に発現したもののみである.被験者 B ではイベントが発現する前に,かつ 2022 年 3 月 1 日より前に観察打切りになっているが必ずしも無情報な打切りとはいえない.これについては後ほど言及する.図 1.3 や図 1.4 の研究計画では実際に観測されるイベント数の予測はできても研究開始時点では未知である.

ここで,臨床試験の設定で,あらかじめ決めているイベント数が観測された時点で研究全体としての観察を終了する場合を考えてみよう.たとえば,被験者 6 名を対象として最初の 3 名にイベントが観測された時点で研究全体としての観察を終了するものとする.カレンダー時間での観測状況は,図 1.5(左)のようになり,図 1.3 と同様に被験者ごとに登録時点は異なる.カレンダー時間で被験者 A, C, E の順にイベントが観測され,3 番目となる E のイベント発現時で研究全体の観察が終了する.図 1.1 と同様に,それぞれの被験者の登録時点を起点 0 としたイベント発現までの時間を図 1.5(右)に示した.図 1.5 と図 1.4 の違いに注意をしてほしい.

観測されているイベントはカレンダー時間で最初の 3 つまでのイベントのみで,3 つ目が発現した時点でほかの被験者の観察は打切り(右側打切りデータ)になる.規定の観察期間が終了し研究も終了するが,被験者 D, F ではイベント発現までの時間は観察打切りになっている.中間解析

の時点がイベントが観測された数であらかじめ計画されている研究計画などで見られる．

　図 1.4 のように，観察終了時点がカレンダーの日付で定められている研究では，被験者 B の追跡不能による観察打切りを含め観察期間の長さが被験者ごとに異なる．追跡不能の発生時点は登録時点では未知である．観察期間の長さが被験者ごとに確率的に定まる（異なる）場合はタイプⅢ打切り (type Ⅲ censoring) またはランダムな打切り (random censoring) などと呼ばれる．タイプⅠ打切りやタイプⅡ打切りはランダムな打切りの特別な場合と見なすことができる．イベントの発現について予測可能となるような情報を与えない理由によりランダム観察打切りが発生する場合は無情報な打切りであるが，ランダムな観察打切りすべてが無情報な打切りというわけではない．Kalbfleisch and Prentice (1980), Cox and Oakes (1984), Lee and Wang (2003) などにも詳しい説明があるので参照してほしい．無情報な打切りであれば，観察打切りになった個体におけるそれ以降の将来のイベントの発現可能性は，そこで観察打切りにならずに観察を継続している個体の将来のイベントの発現可能性と同じであることを仮定できる．また，このことが仮定できるのは無情報な打切りのときのみである．

　図 1.4 や図 1.5 の被験者 B のように来院しないために追跡不能となり観察が継続できずに観察打切りになることもある．人を対象とする研究ではこのような観察打切りは珍しくない．追跡不能となる理由は一般的に確認できないであろうが，治療の継続を被験者の判断などで恣意的にやめるのは，治療があまり好ましくない（または期待したほどには良くない）結果をもたらし治療の継続をやめたい／必要としない場合や，被験者の状態が良くなり治療の継続を必要としない場合などがあるであろう．解析上の取り扱いが簡単であるため，多くの場合で無情報な打切りを仮定した取り扱いがなされているようであるが，それら追跡不能となった被験者は無情報な打切りであるか否かをデータにより確認することができない．

　注目するイベントよりも先にそれを妨げるイベントが発現し，観察が継続できずに観察打切りになることもある．たとえば，疾病の治療開始か

ら治癒までの時間（治癒をイベントとして定義）を観察している研究で，ある被験者に死亡が起こったとする．このような観察打切りは競合リスクによる観察打切りと呼ばれることもある．図1.2のラットBの打切りの理由が，もし2番目に仮定したものであれば，この打切りは競合リスクによる観察打切りになるかもしれない[1]．観察が継続できずに観察打切りになるという点では「追跡」が「不可能」ではあるが，不可能になった理由は無情報とはいえない．注目するイベントの発現を妨げるイベントは無情報な打切りではなく，情報を持つ打切り（情報を持つセンサー：informative censoring）であることが多い．これについては第4章に詳しく述べる．

本章に述べる一般的な生存時間解析の方法では，観察打切りは無情報な打切りであることを仮定する．そのとき観測が可能な生データは，イベント発現までの時間と観察打切りまでの時間のいずれか短い方の時間およびその時間がいずれの時間であるか，という2つをペアにしたデータとなる．

1.1.2 生存関数

記号を次のように定義する．T をイベント発現までの時間を示す変数（確率変数）とする．時間であるから $T \geq 0$ である．t（小文字）を，T がとるある特定の時間（値）として用いる．イベント発現までの時間 T がある時間 t を超える確率を t の関数として $S(t)$ と書き，生存関数 (survival function) と呼ぶ．生存時間関数や生存率関数と呼ばれることもある．$S(t) = P(T > t)$ と表記されることも多い[2]．T の（累積）確率分布関数 $F(t)$ と生存関数との間には次の関係がある．

$$F(t) = P(T \leq t) = 1 - S(t), \qquad 0 \leq t < \infty$$

研究期間内に研究対象である全員についてイベントが発現するまで観察で

---

[1] 安楽死基準全部ではなくてもその一部は満たしていた場合，観察を打ち切ったと記録していても，解析ではイベントとして扱うほうがよいかもしれない．
[2] P は「確率 (probability)」の意味である．

きるとは限らない．観測される生存時間データには，一般に，観察打切りデータが含まれている．このような場合，観測値の単純な平均では平均生存時間は求められない．

1.1.3　ハザード

ハザード (hazard) は，時間 $T = t$ まで生存していた個体が，次の瞬間に死亡する条件付き瞬間死亡確率を瞬間時間の長さで除したものである．t に依存する，単位がない値を，微小な時間幅で除すので t での瞬間速度の意味合いを持つ．ハザードは観測が可能で，生存関数を推測するのに非常に重要である．瞬間とはいうものの連続型変数では微小時間を経過すると考える．離散型変数では，「次の瞬間」は必ずしも微小時間後ではなく，「瞬間時間の長さ」の考え方も異なるので，ハザード関数の定義は連続型変数と離散型変数の場合で分けて行う．ハザードは，一般的には時間に依存した関数であるから時間 $T = t$ のハザードを記号 $h(t)$ で表すことにする．後述するカプラン・マイヤー法ではハザードを用いた推測を行う．

(1) 連続型変数のハザード

T の値が 0 以上の実数（連続的な値）をとる場合，連続型変数と呼ばれる．いわゆる死亡は季節や昼夜に関係なくいつでも起こりうるので狭義の生存時間 T は連続型変数である．ハザード関数 $h(t)$ は，時間 $T = t$ まで生存していた（$T = t$ まで観察が継続されていて，まだイベントが発現していない）ときに，次の瞬間に死亡（イベント）が起こる率を意味し，

$$h(t) = \lim_{\Delta t \to 0} \frac{P(t \leq T < t + \Delta t \mid T \geq t)}{\Delta t} \tag{1.1}$$

と定義される．式 (1.1) の右辺の分子は，ある個体が $T = t$ まで生存していたときに，次の瞬間 $t + \Delta t$ までに死亡する条件付き確率を意味する（| はその右側の式で条件付けをしていることを意味する）．T が連続型変数の場合の時間 t でのハザードは「t まで生存した者のうち，$t + \Delta t$ までに死ぬ者の割合を，単位時間当たりの量に換算し，$\Delta t \to 0$ としたときの極限値」（中村，2001），あるいは，時間 t まで生存した者のうち，次

の瞬間に死亡する者の割合を瞬間時間当たりの量に換算したものと解釈できる．ハザード関数（式 (1.1)）は t を与えたときのハザード率とも呼ばれるが，率の定義が様々であり，日本語の「率」は比率，割合，変化率などの意味で使われ，これらの違いを厳密に区別していないことも多い．これらの違いは佐藤 (2005) などに解説されている．$h(t)$ は，0 以上の値をとり，上限は必ずしも存在しない（無限大でよい）．Δt が小さいとき，$h(t)\Delta t$ は $T = t$ まで生存した者が次の Δt の期間に死亡する確率の近似値となる．累積ハザード (cumulative hazard) 関数は

$$H(t) = \int_0^t h(s)ds \tag{1.2}$$

と定義される．連続型変数では確率密度関数 $f(t)$ が存在し，

$$f(t) = \lim_{\Delta t \to 0} \frac{P(t \leq T < t + \Delta t)}{\Delta t} = \frac{d(1 - S(t))}{dt}$$

のように定義される．t の直後の瞬間にイベントが発現する者の割合を単位時間当たりの量に換算し，$\Delta t \to 0$ としたときの極限値と解釈できる．T が連続型変数の場合，これらの間には，以下の関係が成り立つ．

$$h(t) = \frac{f(t)}{S(t)} = \frac{-d(\log S(t))}{dt} \tag{1.3}$$

$$f(t) = \frac{-dS(t)}{dt} = h(t)S(t) \tag{1.4}$$

$$S(t) = \exp(-H(t)) \tag{1.5}$$

$h(t), f(t), S(t)$ のいずれか 1 つがわかればほかの 2 つが次のように導出でき，$h(t), f(t), S(t)$ は等価な情報を持つことがわかる．すなわち，もし $h(t), 0 \leq t < \infty$ が既知（所与）であれば式 (1.3) の積分をとおして，または式 (1.5) により $S(t)$ が，そして式 (1.4) により $f(t)$ が導出できる．同様に，もし $S(t), 0 \leq t < \infty$ が既知であれば式 (1.3) により，または式 (1.5) の対数をとおして $h(t)$ が，そして式 (1.4) により $f(t)$ が導出できる．また，$f(t), 0 \leq t < \infty$ が既知である場合は，$S(t)$ は式 (1.4) を積分により，そして $h(t)$ は式 (1.3) により導出できる．

(2) 離散型変数のハザード

T が限られた値 $t_1, t_2, \ldots, t_i, \ldots$ しかとらない場合，$t_1, t_2, \ldots, t_i, \ldots$ はとびとびの値（離散的）になり，T は離散型変数と呼ばれる．時間 $T = t_i (i = 1, 2, 3, \ldots)$ での離散型ハザード $h(t_i)$ は，時間 t_{i-1} に生存しているという条件の下で，次の時間 t_i に死亡する確率を意味し，

$$h(t_i) = P(T = t_i | T \geq t_i) = \frac{P(T = t_i)}{S(t_{i-1})} \tag{1.6}$$

と表現される．ここに，t_0 は観察開始時点で $S(t_0) = 1$ である．離散型ハザード $h(t_i)$ は 0 から 1 までの値をとる．T がとりうる値 $t_1, t_2, \ldots$ 以外の時点では，離散型ハザードは 0 となる．離散型の累積ハザード関数 $H(t)$ は，連続型の「累積」の意味に対応するものとして，時間 t までの各時点でのハザードの和として次のように定義される[3]．

$$H(t) = \sum_{t_i \leq t} h(t_i) \tag{1.7}$$

連続型変数では式 (1.2) の積分で計算された量が，離散型変数では，とびとびの時間でとる値の和になる．$H(t)$ を上記のように定義する場合，連続型変数では成立している以下の関係は成り立たない．

$$S(t) = \exp(-H(t))$$

そのため，$H(t)$ を以下のように定義している場合もある．

$$H(t) = -\sum_{t_i \leq t} \log(1 - h(t_i))$$

$h(t_i), t_i \leq t$ が小さい場合，いずれの定義でも $H(t)$ はほぼ同様の値となる．

離散時間で，ある t_i で生存しているためには $T = t_{i-1}$ までは（当然のことであるが）生存していないといけない．そこで，$S(t)$ は次のようにも表現できる．

---

[3] ここに，$\sum_{t_i \leq t}$ で示す足し算は，$t_1 < t, t_2 < t, \ldots$ と，添え字の i を 1 から 1 ずつ増やしていき，$t_i \leq t$ が成立するような i の数値を順次右項 $h(t_i)$ に代入して，全部の右項を加えていく，という意味である．

$$S(t_i) = \frac{S(t_i)}{S(t_{i-1})} \cdot \frac{S(t_{i-1})}{S(t_{i-2})} \cdot \cdots \cdot \frac{S(t_3)}{S(t_2)} \cdot \frac{S(t_2)}{S(t_1)} \cdot \frac{S(t_1)}{S(t_0)}$$

各項はそれぞれの時点の直前の時点で生存しているという条件の下で次の時点で生存しているという条件付き確率である．また，各項は右から順に，式 (1.6) より $1-h(t_1), 1-h(t_2), \ldots, 1-h(t_i)$ に等しい．項を列記する代わりに数学的な表現を用いれば $\frac{S(t_k)}{S(t_{k-1})} = 1 - h(t_k), k = 1, 2, \ldots, i$ と表記される．よって，次の式が成り立つ．

$$S(t_i) = \{1 - h(t_i)\} \cdot \{1 - h(t_{i-1})\} \cdot \cdots \cdot \{1 - h(t_2)\} \cdot \{1 - h(t_1)\}$$

1.2　カプラン・マイヤー法を用いた推定

　生存関数 $S(t)$ はカプラン・マイヤー (Kaplan-Meier) 法により推定される (Kaplan and Meier, 1958)．Kaplan と Meier が提案した推定方法で，統計学の専門用語としてはカプラン・マイヤー推定量と訳される．「推定量」は，意味的には推定方法と解釈して差し支えない．カプラン・マイヤー推定 (KME: Kaplan-Meier estimator) とも呼ばれるが，本書では原則としてカプラン・マイヤー法（KM 法）と書く．KM 法による時間 t での生存関数推定値を $\hat{S}(t)$ と表記する．

　生存関数の KM 法による推定を，まず，具体的な数値例を使って説明する．読者は書籍等で KM 法の解説をすでに目にしたことがあるかもしれない．書籍により数式による表現も異なっていることがある．そこで，数値例を用いた KM 法の説明のあとに，KM 法の一般的な表現として書籍等でよく目にする 4 通りの数式表現を紹介し，それぞれの推定手順について説明する．

　生存関数の推定は点推定のみではなく，通常は信頼区間や信頼帯とともに推測する．また，生存時間分布の要約として生存時間中央値などのパーセント点およびこれらの信頼区間を求めることも多い．これら信頼区間や信頼帯の導出の際に，KM 法による生存関数推定値を利用する．以降に順次説明する．

1.2.1 数値例を用いた生存関数推定

生データとしては，イベント発現までの時間，もしくは観察打切り（打切り）までの時間，およびその時間がイベントであるのか，打切りであるのかを見分けるコード相当のデータが必要となる．これらは観測可能なデータであることを前節で述べた．打切り例は打切りの時点まではイベントが発現していないという情報を持っているので解析の対象から除外しない．

例題 1.1

次の 1 群 20 例の数値例（人工データ）を例題として考えてみよう．データは被験者番号の順で，数値の単位は月 (month) である．

2, 3, 9, 10, 14+, 17, 20, 5+, 7, 7, 8+, 24+, 26+, 27, 30, 31+,

33, 21+, 24, 36+

慣例として，打切りは + を付けて区別し，その時点までにイベントが発現せずに観察が打ち切られたことを意味する．このデータを統計ソフトで解析するには表 1.1 のようなデータセットを作成する（もし生存率の推定のみを行うのであれば被験者番号は必要ではないが，あとの説明で必要とするので残している）．

これを，イベント発現または打切りまでの時間（表 1.1 の左から 2 列目）の昇順に並べ替えて順位を付けると表 1.2 のようになる．

各時点の直前までまだ観察が継続されていて，まだイベントが発現していない（つまり，イベント発現のリスクに曝されている：at risk）被験者の集合はリスク集合と呼ばれ，その人数は，その時点でのリスク集合の大きさ，または観察対象数と呼ばれている．「直前」は，数学的に正確に表現する場合によく使われる言葉であるが，数学になじみがあまりない読者の場合は，もし，時間が月の単位で観測されていれば，各時点ではイベントが発現しているわけなので，その時点よりも瞬間時間だけ前（そのときはまだイベントが発現していない），数秒前より小さい時間くらいの過去

表 1.1　解析用のデータ形式

被験者番号	時間(月)	死亡／打切りの区別
1	2	1
2	3	1
3	9	1
4	10	1
5	14	0
6	17	1
7	20	1
8	5	0
9	7	1
10	7	1
11	8	0
12	24	0
13	26	0
14	27	1
15	30	1
16	31	0
17	33	1
18	21	0
19	24	1
20	36	0

表 1.2　生データのソート

時間(月)	順位	タイを無視した順位	リスク集合の大きさ
2	1	1	20
3	2	2	19
5	3	3	18
7	4	4	17
8	6	5	15
9	7	6	14
10	8	7	13
14	9	8	12
17	10	9	11
20	11	10	10
21	12	11	9
24	13	12	8
26	15	13	6
27	16	14	5
30	17	15	4
31	18	16	3
33	19	17	2
36	20	18	1

という感覚でイメージすればよいであろう．

7ヶ月で2名のイベント（被験者番号 9, 10）が起こり 24ヶ月で1名のイベント（被験者番号 19）と1名の打切り（被験者番号 12）が起こりそれぞれの時間でタイがあるが，その場合には行は1つのみとして時点の表示に重複がないようにしている．時間が連続型変数の場合も，観測値の丸めの誤差などによりタイも起こりうる．

表 1.2 の左から2列目は観測された 20 名分の時間すべてに順位を付けたものでタイがあることを考慮している．左から3列目は，タイがあることを無視し，「時間」の長短のみによって付けた順位である．タイが観測された7ヶ月の直後から2列目と3列目の同じ行（時間）での順位が異なり，タイが起こるたびにその差は大きくなる．

表 1.3 生データのソートと集計

時間（月）	順位	タイを無視した順位	リスク集合の大きさ	イベントの数	打切りの数	イベントが発現した時間に限定した順位
2	1	1	20	1	0	1
3	2	2	19	1	0	2
5	3	3	18	0	1	—
7	4	4	17	2	0	3
8	6	5	15	0	1	—
9	7	6	14	1	0	5
10	8	7	13	1	0	6
14	9	8	12	0	1	—
17	10	9	11	1	0	7
20	11	10	10	1	0	8
21	12	11	9	0	1	—
24	13	12	8	1	1	9
26	15	13	6	0	1	—
27	16	14	5	1	0	10
30	17	15	4	1	0	11
31	18	16	3	0	1	—
33	19	17	2	1	0	12
36	20	18	1	0	1	—

表 1.3 に，各時点でのイベントの数と観察打切りの数を明示した．当該時点の次の時点でのリスク集合は，当該時点のリスク集合からイベントが発現した被験者数と観察打切りの被験者数が除かれた集合となるので，リスク集合の大きさは，当該時点のリスク集合の大きさからイベント数と観察打切りの数を引いて計算する．もしタイの時間がなければ，8～21 ヶ月のようにリスク集合の大きさは 1 ずつ減少する．最長の観察時間を超えるとリスク集合の大きさは 0 となる．

右端列にイベント発現の時間に限定した順位も示している．打切りまでの時間には順位が付かないので「—」で示している．7 ヶ月で，被験者 9 と 10 にイベントが発現し，これらは 3 位でタイであるので，「イベントが発現した時間に限定した順位」ではタイを考慮して 4（位）が欠番になっている．3 通りの順位の付け方をここで示しているが，使い分けは後に

詳しく説明する．

表1.3のデータを用いて，時点順にハザードを計算する．観測時間が月の単位で離散的に記録されているので，離散型データとして扱うことになる．ハザードは，その時点の直前まで生存していた人がその時点で死亡する（イベントを起こす）条件付き確率の意味を持つ．離散型データでは，その時点の直前まで生存していた人数（表1.3では，当該時点より1つ前の死亡，または打切りが起こった時点での生存者集団）に対して，生存割合を計算し推定する．

イベント発現時間と打切りの時間が同じ（タイ）になる場合は，慣例としてイベントが先に起こったとして取り扱う．表1.3の24ヶ月ではイベント発現時間と打切りの時間がタイになっている．この時点では，イベントが発現し，その直後で別の被験者の観察が打ち切られた（打切り例が発現）と解釈し，24ヶ月のイベント発現時点でのリスク集合の大きさは8でハザードは1/8，その直後で別の被験者の観察が打ち切られて，24ヶ月時点でのリスク集合の減少は2となり，次の死亡または打切りが起こる26ヶ月時点でのリスク集合の大きさは6となる．

5ヶ月，8ヶ月，14ヶ月のように打切りのみの時点ではイベントが発現していないのでハザードは0になる．打切りのみの発現はハザードの変化には寄与しないが，打切りの発現まではリスク集合に含まれているので，リスク集合の大きさ（ハザード計算での分母）として推定に寄与している．

1からこの条件付き死亡確率（ハザード）を引くことによって，その時点の直前まで生存していたという条件付きでの生存率というものが時点ごとに計算される．そして，経時的にはどのような生存率（累積生存率）であるかというのは，2ヶ月までは死亡がないので $0 \leq t < 2$ である t では生存率 $\hat{S}(t) = 1$ である（t の単位は1ヶ月）．$t = 2$ でイベントが1例発現している．2ヶ月以前に生存していた確率は1で，2ヶ月での条件付き生存率は $\frac{19}{20}$ であるから，$\hat{S}(2) = 1 \cdot \frac{19}{20} = 0.95$ となる．$2 < t < 3$ である t ではイベントが発現していないので $\hat{S}(t) = 0.95$ のままである．$t = 3$ でイベントが1例発現しているので，$\hat{S}(3) = \hat{S}(2) \cdot \frac{18}{19} = 0.9$ となる．以降

表 1.4 各時点でのハザードと KM 法による累積生存率

時間(月)	リスク集合の大きさ	イベントの数	打切りの数	ハザード	その時点での条件付き生存率	累積生存率
2	20	1	0	1/20	19/20 = .95	.95
3	19	1	0	1/19	18/19	$.95 \times (18/19) = .90$
5	18	0	1	0	18/18	$.90 \times (18/18) = .90$
7	17	2	0	2/17	15/17	$.90 \times (15/17) = .79$
8	15	0	1	0	15/15	$.79 \times (15/15) = .79$
9	14	1	0	1/14	13/14	$.79 \times (13/14) = .74$
10	13	1	0	1/13	12/13	$.74 \times (12/13) = .68$
14	12	0	1	0	12/12	$.68 \times (12/12) = .68$
17	11	1	0	1/11	10/11	$.68 \times (10/11) = .62$
20	10	1	0	1/10	9/10	$.62 \times (9/10) = .56$
21	9	0	1	0	9/9	$.56 \times (9/9) = .56$
24	8	1	1	1/8	7/8	$.56 \times (7/8) = .49$
26	6	0	1	0	6/6	$.49 \times (6/6) = .49$
27	5	1	0	1/5	4/5	$.49 \times (4/5) = .39$
30	4	1	0	1/4	3/4	$.39 \times (3/4) = .29$
31	3	0	1	0	3/3	$.29 \times (3/3) = .29$
33	2	1	0	1/2	1/2	$.29 \times (1/2) = .15$
36	1	0	1	0	1/1	$.15 \times (1/1) = .15$

の時点でも同様にして，それらの条件付き生存率を掛けていくことで生存率（累積生存率）が得られる．これが KM 法と呼ばれている生存率の推定方法である．

条件付き生存率の項を逐次掛けて得られる生存率なので「累積」を付けて区別しているが，その意味は KM 法による「その時点より長く生存する確率の推定値」(Matthews and Farewell 著，宮原・折笠監訳，2005, p65）である．表 1.3 の数値データを用いて，ハザード，条件付き生存率，KM 法により累積生存率を算出した結果を表 1.4 に示す．

24 ヶ月のように打切りの時間がイベント発現時間とタイになる場合は，ハザードは 0 ではないが，打切りのみの発現ではハザードを変化させないので，死亡数が 0 である行では累積生存率は変化しない．筆者は KM 法の一般的な数式による表現を目にした研究者から，イベント発現までの時間の順位の付け方と打切り数の説明が難解であるという質問を受けた経

表 1.5 イベントが発現した時点に限定した KM 法による累積生存率

時間(月)	イベントが発現した時間での順位 タイを考慮	イベントが発現した時間での順位 タイを無視	リスク集合の大きさ	イベントの数	打切りの数	ハザード	その時点での条件付き生存率	累積生存率
2	1	1	20	1	0	1/20	$19/20 = .95$	.95
3	2	2	19	1	0	1/19	18/19	$.95 \times (18/19) = .90$
7	3	3	17	2	0	2/17	15/17	$.90 \times (15/17) = .79$
9	5	4	14	1	0	1/14	13/14	$.79 \times (13/14) = .74$
10	6	5	13	1	0	1/13	12/13	$.74 \times (12/13) = .68$
17	7	6	11	1	0	1/11	10/11	$.68 \times (10/11) = .62$
20	8	7	10	1	0	1/10	9/10	$.62 \times (9/10) = .56$
24	9	8	8	1	1	1/8	7/8	$.56 \times (7/8) = .49$
27	10	9	5	1	0	1/5	4/5	$.49 \times (4/5) = .39$
30	11	10	4	1	0	1/4	3/4	$.39 \times (3/4) = .29$
33	12	11	2	1	0	1/2	1/2	$.29 \times (1/2) = .15$
36	—	—	1	0	1	0	1/1	$.15 \times (1/1) = .15$

験がある.イベント発現までの時間にタイがあったり,イベントが発現していない時点で打切りが起こっている場合の集計方法に使われる似たような用語が理解を妨げているようであった.そこで,表 1.5 と表 1.6 を注意しながら見比べてほしい.まず,累積生存率に注目し,行の節約の点から単純に最長の時間以外で死亡数が 0 である行(累積生存率は直前の行と同一である)を除いた結果を表 1.5 に示す.

表 1.5 の左から 2 列目は,イベントが発現した時間に限定した上でタイを考慮して付けた順位で(表 1.3 の右端列が「—」ではない時間),左から 3 列目はイベントが発現した時間にタイがあることを無視して「時間」の長短のみによって付けた順位である.複数のイベント(タイ)が観測された 7 ヶ月の直後からこれら 2 つの順位が異なってくる.24 ヶ月ではイベントが発現した時間と観察打切り時間はタイであったが,観測されたイベント数は 1 つでイベントが発現した時間としてのタイはない.

KM 法についての書籍によって順位の与え方に多少異なる表現があるが,タイのデータをリスク集合やイベント数の集計から除外するわけではないので誤解のないようにしてほしい.

表 1.5 のような「打切りの数」の集計では,あるイベントの発現時間とタイになった観察打切り時間のみが集計されることになる.一方,イベン

1.2 カプラン・マイヤー法を用いた推定

表 1.6 イベントが発現した時点間に起きた観察打切り数を明示した KM 法による累積生存率

時間 (月)	イベントが発現した時点での順位 タイを考慮	イベントが発現した時点での順位 タイを無視	リスク集合の大きさ	イベントの数	次の時間までに起きた打切りの数	ハザード	その時点での条件付き生存率	累積生存率
0	0[*1)]	0[*1)]	20	0	0		1	1
2	1	1	20	1	0	1/20	$19/20 = .95$	$1 \times .95$
3	2	2	19	1	1	1/19	18/19	$.95 \times (18/19) = .90$
7	3	3	17	2	1	2/17	15/17	$.90 \times (15/17) = .79$
9	5	4	14	1	0	1/14	13/14	$.79 \times (13/14) = .74$
10	6	5	13	1	1	1/13	12/13	$.74 \times (12/13) = .68$
17	7	6	11	1	0	1/11	10/11	$.68 \times (10/11) = .62$
20	8	7	10	1	1	1/10	9/10	$.62 \times (9/10) = .56$
24	9	8	8	1	2	1/8	7/8	$.56 \times (7/8) = .49$
27	10	9	5	1	0	1/5	4/5	$.49 \times (4/5) = .39$
30	11	10	4	1	1	1/4	3/4	$.39 \times (3/4) = .29$
33	12	11	2	1	0	1/2	1/2	$.29 \times (1/2) = .15$
36	13[*2)]	12[*2)]	1	0	1		1/1	$.15 \times (1/1) = .15$

*1) イベントは発現していないので，形式的に 0 としている．
*2) 観測打切りの時間であるが，直前の行に続く順位を与えている．

トの発現時間とは異なる時点で観察打切りになった被験者がいれば「リスク集合の大きさ」は小さくなっていく．表 1.5 のような要約をすると，直前の時点の「リスク集合の大きさ」から「イベントの数」と「打切りの数」を減じた数が直後の時点の「リスク集合の大きさ」と一致しないことがある．たとえば，7 ヶ月時点の「リスク集合の大きさ」は 17 で，「イベントの数」は 2，「打切りの数」は 0 であるから，「リスク集合の大きさ」は $17 - (2+0) = 15$ となる．ところが，表 1.5 で 7 ヶ月時点の直後に相当する 9 ヶ月時点の「リスク集合の大きさ」は 14 であり，15 とは一致しない．同様の現象は，3 ヶ月時点ですでに見られている．10 ヶ月，24 ヶ月時点でも見られる．表 1.5 において，前後に並ぶイベントが発現した時間どうしの間で起こっている観察打切りの数を示すことにより「リスク集合の大きさ」が正しく計算されているか確認できる．表 1.6 にそのような集計を行った観察打切り数を明示した結果を示す．たとえば，3 ヶ月時点の行の「次の時間までに起きた打切りの数」は，表 1.4 の 5 ヶ月時点に起きた 1 名のことで，7 ヶ月時点のそれは，表 1.4 の 8 ヶ月時点に起きた 1 名のことである．24 ヶ月時点の「次の時間までに起きた打切りの数」は，

表 1.5 でも「打切りの数」で 1 名となっていた（イベント発現の時間 24 ヶ月とタイであった）1 名に，表 1.4 の 26 ヶ月時点に起きた観察打切りの 1 名が加わった 2 名のことである．

一般的には，最初にイベントが発現した時間よりも先に最初の観察打切り時点があるかもしれないので，表 1.6 の 1 行目には観察の起点である時間を 0 月として追加している．表 1.5 までの順位との整合性をとるために，時間が 0 月の順位は形式的に「0」を与えている．また，最長の時間は観察打切りの時間（36 ヶ月）であるが，イベントが発現した最長の時間に続く順位を与えている．

表 1.4 によって生存率曲線（生存関数の推定値のグラフ，データを用いて推定した生存関数の図）を描くことができる．図 1.6 に示す．$\hat{S}(t)$ は常に階段関数となり，イベントが発現した時間で段差ができる．観測されたデータが打切りのみの時点では累積生存率は変化しないので，打切りが発現した時点に「＋」や縦線などの記号を生存率曲線に付けて打切りの発現時点を示す．それにより，当該時点でリスク集合の大きさが減少していることがわかる．表 1.5 や表 1.6 からは個々の打切りすべての発現時点まではわからない．打切り発現時点を示す「＋」以外の階段関数（生存関数）としては，表 1.5 や表 1.6 を用いても図 1.6 と同一のものが得られる．

最長の時間が打切りの時間であってもそのときまでは観察が継続されている被験者が存在するのでリスク集合は 0 ではない．したがって，ハザードも生存率も観察が継続された最長の時間までは推定できる．最長の時間を超えるとリスク集合が 0 となりハザードの分母が 0 となるため偏りのない生存関数の推定ができなくなる．

一般的に，観測される生存時間データには観察打切りデータも含まれるため，分布の代表的な要約としては，血圧などと違って，平均ではなくて，ある時点の生存率，1 年生存率や 3 年生存率など，もしくは半分の人が生存している時間（これを生存時間中央値（MST: median survival time．メディアン生存時間）と呼ぶ）などで要約をすることが一般的である．

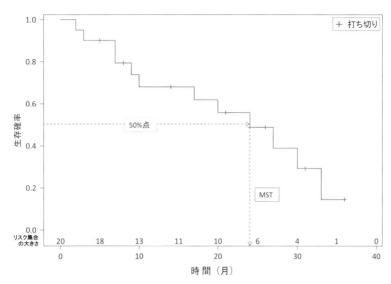

図 1.6 KM 法による例題 1.1 の生存率曲線（1 年生存率：68%，3 年生存率：15%，生存時間中央値 (MST)：24 ヶ月）

KM 法により 1 年生存率や 3 年生存率を推定する場合，図 1.6 の横軸（時間）が 1 年（12 ヶ月）のとき，および 3 年（36 ヶ月）のときの縦軸（生存率）を読みとる．表 1.3～表 1.5 の左端列の時間として，36 ヶ月は最終行にあるが，12 ヶ月は明示的に書かれていない．このような場合は，12 ヶ月以前で最も近い時点の生存率が 12 ヶ月の生存率を示している．したがって表 1.3～表 1.5 の 1 年時点の生存率は 10 ヶ月時点の生存率と同一であり，1 年生存率および 3 年生存率はそれぞれ 68% および 15% である．

生存時間中央値は全員の生存時間を昇順に並べて，もしちょうど真ん中の順位までに打切りがなければ，真ん中の順位に位置する時間として定まるが，通常はそれ以前に打切りがあったりする．そこで，図 1.6 の縦軸がちょうど 50% になるところの時間を読むことによって生存時間中央値を推定する．表 1.3～表 1.5 を用いる場合は，「累積生存率」が減少し，初めて 0.5 以下となる時点を生存時間中央値とする．生存時間分布の要約については後ほど改めて説明する．

1.2.2 カプラン・マイヤー法の一般的な表現

ここまで，例題を用いて KM 法による生存関数の推定方法を述べてきた．一般的には，生存関数の KM 法は以下のような手順で行う．観察される被験者数を n 名とする．被験者番号を $i, i = 1, \ldots, n$ とする．被験者 i について，観察の原点からイベントまたは観察打切りのうち先に観測された時間を t_i とする．δ_i を，t_i がイベント発現までの時間であれば 1，観察打切りまでの時間であれば 0 をとる変数とする．観察打切りはこれまでのように，イベント発現までの時間とは独立（無情報な打切り）であることを仮定する．被験者 $i, i = 1, \ldots, n$ について観測されるデータは (t_i, δ_i) のペアとなっている．表 1.1 では左端列から順にそれぞれ被験者番号 i, t_i, δ_i を表している．時間 t での生存関数の KM 法による推定値を $\hat{S}(t)$ と書く．

以降は KM 法の解説をしている文献等でよく見かける表現について説明する．それらには，時点ごとのイベント数を集計して $\hat{S}(t)$ の計算を行う方法と，集計を行わずに 1 つのイベント発現時間ごとに $\hat{S}(t)$ を計算する方法がある．まずは前者から説明する．前者も文献により集計方法が異なることがあるので，2 通りで説明をする．集計をする時点の定め方として，打切りの時間のみが観測された時点を含む方法 A とそれを除く方法 B である．また，時点ごとのイベント数を集計せずに，1 つのイベント発現または打切りの時点ごとに $\hat{S}(t)$ を計算する方法も，時点ごとのイベント数を集計する場合と同様に 2 通りの表現がある．打切りの時間が観測された時点でも条件付き生存率の積をとる項を含む方法 C とそれを除く方法 D である．結果としては同一の $\hat{S}(t), 0 \leq t < t_*$ が得られる．ここに，t_* は最長のイベント発現または打切りまでの時間を示す．

（方法 A）時点ごとにイベント数を集計する表現

イベント発現または打切りの時点でのリスク集合の大きさとイベント数を集計する．次のような手順で行う．まず，イベント発現または打切りの時間 $t_i, i = 1, \ldots, n$ を昇順にソートする．時点ごとに集計するが，同じ時点で重複した集計は行わないので，タイがある場合には 1 つを残し

1.2 カプラン・マイヤー法を用いた推定

て時点の表示に重複がないように昇順に並べる．昇順の時間を，昇順の順序をかっこを付けた添え字として $u_{(1)} < u_{(2)} < \cdots < u_{(k)} < \cdots < u_{(q_A)}, q_A \leq n$ のように対応付ける．ここでの添え字 k ($k = 1, \ldots, q_A$) は被験者番号ではなく，時点の昇順の並び順位を示す記号として使っている[4]．一般には，被験者番号順にイベント発現までの時間が延長するわけではないので，被験者番号 k のイベント発現または打切りの時間 u_k は，イベント発現または打切りの時間の長さが k 番目の長さである時間 $u_{(k)}$ とは等しくならない．「重複がないように」というのはタイの被験者を解析対象から除くという意味ではない．集計する時点が同じ（タイ）であれば集計結果は重複するので，集計を行う時点の表示を1つに減らしているだけである．例えば，表1.2では左から2列目の「順位」が左端列の「時間」に対してタイも考慮して昇順にソートして付けた順位である．「7ヶ月」（4行目）が2名いて両方が同順位の4位であるため，順位5位は欠番（同順位のどちらか1名が4位で，他方が5位であるが，いずれの場合であってもこの2名に4位, 5位の順位がふられる）となり，次の時間「8ヶ月」（5行目）は6位となる．左から3列目の「タイを無視した順位」では，順位に欠番はなく1ずつ増えていく．形式的には表1.2の「時間」の行番号に対応している．これがかっこを付けた添え字，すなわち $u_{(k)}$ の $k = 1, \ldots, 18$ を表示している．

もし，タイがなければ全部の被験者のイベント発現までの時間は全部異なっているので $q_A = n$ となる．時間が連続型変数の場合も，観測値の丸めの誤差などによりタイも起こりうる．もし，タイがあれば昇順に並べる時点としての表示は1つだけを残すので $q_A < n$ となる．それぞれの時点 $u_{(k)}, k = 1, \ldots, q_A$ でリスク集合の大きさを数える．観察打切りとイベント発現が同じ時間である場合，順位としては同じになるので集計する時点の表示としては1つであるが，リスク集合の大きさを数えるときには，慣例的にはイベント発現が先に起こったと仮定して取り扱う．観察打切りとイベント発現までの時間が同時点であれば，観察打切りとなった被験者

---

[4] 順位を表す添え字のアルファベットとしては小文字の i, j, k, ℓ などがよく使われる．

のイベントの発現はそれ以降であるという考えから，観察打切りは（タイである）イベント発現時間のあとと考える立場をとり，この取り扱いは自然であると考えられる．

たとえば，表 1.1 では被験者（番号）12 の観察打切り時間と被験者 19 のイベント発現までの時間はいずれも 24 ヶ月でタイになっている．表 1.1 をもとに時間を昇順に並べ替えた表 1.2 では，24 ヶ月でイベントと観察打切りが全体の 13 番目の順位（左から 2 列目），タイを考慮しない順位（左から 3 列目）としては 12 番目の順位 ($u_{(12)} = 24$) でタイになっているが，慣例により全体の 13 番目はイベント発現時間の 24 ヶ月，14 番目は観察打切りの時間の 24 ヶ月と解釈してリスク集合の大きさを数えている．記号 N_k を k 番目の（タイを無視した）順位となる時点 $u_{(k)}, k = 1, \ldots, q_A$ のリスク集合の大きさ（$u_{(k)}$ の直前までまだ観察が継続されていて，まだイベントが発現していない被験者の人数），d_k を時点 $u_{(k)}$ でのイベント数とする．もしある時点 $u_{(a)}$ では観察打切りのみが観測されていれば，イベント数は 0 で $d_a = 0$ となる．また，この被験者は時点 $u_{(a)}$ で観察打切りであるが，その時間は $u_{(k_1)}, k_1 = 1, \ldots, a$ 以降であるから，この被験者はこれらの時点のリスク集合に含まれていることに気を付けてほしい．表 1.2 の 24 ヶ月時点 $u_{(12)}$ のリスク集合の大きさ (N_{12}) には，表 1.1 の被験者 12 および 19 の両方とも寄与している．よって $N_{12} = 8$ である．$u_{(12)}$ で被験者 12 のイベントが起き，その直後のリスク集合の大きさは 7 となるが，それと同時に被験者 19 の観察打切りが起こりリスク集合はさらに 1 だけ減少して 6 となる．これが $u_{(13)}$ のリスク集合の大きさとなる ($N_{13} = 6$)．表 1.3 では左から 4 列目，5 列目にそれぞれ N_k, d_k を表示している．

イベント発現または打切りの時点でのリスク集合の大きさとイベント数を集計後，KM 法による生存率（累積生存率 $\hat{S}(t)$）は以下のように t の範囲で場合分けして示される．読者は高校数学の数学的帰納法を思い出しながら読んでほしい．例題で見たように，$\hat{S}(t)$ はイベントが発現する時点でのみ変化する．

時間 t が $u_{(1)}$ より前 ($0 \leq t < u_{(1)}$) であれば，$\hat{S}(t)$ は変化せず，

1.2 カプラン・マイヤー法を用いた推定

$$\hat{S}(t) = \hat{S}(0) = 1$$

である．次に，$t = u_{(1)}$ では，

$$\hat{S}(u_{(1)}) = 1 - \frac{d_1}{N_1} = \hat{S}(u_{(1)}-) \cdot \left(1 - \frac{d_1}{N_1}\right) = \hat{S}(0) \cdot \left(1 - \frac{d_1}{N_1}\right)$$

である．ここに，「$u_{(1)}-$」は $u_{(1)}$ よりも瞬間時間だけ前の時間であることを示す．

一般的には，イベントも打切りも発現していない時間 t は，あるイベント発現または打切りの時間と，すぐあとのイベント発現時間との時間幅の間にはさまれているので，$k = 1, \ldots, q_A - 1$ のいずれか 1 つの k の値に限り $u_{(k)} < t < u_{(k+1)}$ が成立する．そのような時間 t では $\hat{S}(t)$ は変化せず，t をはさむすぐ前の時点 $u_{(k)}$ での $\hat{S}(u_{(k)})$ に等しい．すなわち，$u_{(k)} < t < u_{(k+1)}, k = 1, \ldots, q_A - 1$ のいずれかである時間 t では

$$\hat{S}(t) = \hat{S}(u_{(k)}), \quad k = 1, \ldots, q_A - 1.$$

イベント発現時間または打切りの時間 $t = u_{(k)}, k = 1, \ldots, q_A$ では，$\hat{S}(u_{(k)})$ は直前の時点 $u_{(k-1)}$ での $\hat{S}(u_{(k-1)})$ にその時点での条件付き生存率 $1 - \frac{d_k}{N_k}$ を掛けて得られる．すなわち，$t = u_{(k)}, k = 1, \ldots, q_A$ では

$$\hat{S}(t) = \hat{S}(u_{(k)}) = \hat{S}(u_{(k-1)}) \cdot \left(1 - \frac{d_k}{N_k}\right), \quad k = 1, \ldots, q_A$$

となる．ただし，$u_{(0)} = 0$ とする．

$t = u_{(k)}, k = 1, \ldots, q_A - 1$ と $u_{(k)} < t < u_{(k+1)}, k = 1, \ldots, q_A - 1$ である時間 t での $\hat{S}(t)$ をまとめて表現すれば次のようになる．

$u_{(k)} \leq t < u_{(k+1)}$ について，

$$\hat{S}(t) = \hat{S}(u_{(k)}) = \hat{S}(u_{(k-1)}) \cdot \left(1 - \frac{d_k}{N_k}\right), \quad k = 1, \ldots, q_A - 1. \quad (1.8)$$

ただし，$u_{(0)} = 0$ とする．よって，$k = 1$ を式 (1.8) の右辺に代入した $\hat{S}(u_{(0)})$ は 1 である．上記の t の範囲を $k = 1$ から $k = q_A - 1$ までつない

でいくと，$u_{(0)} \leq t < u_{(q_A)}$ までが表現される．$t = u_{(q_A)}$ は含まれていないので，時点 $u_{(q_A)}$ については別途，次の式で定める．

$$\hat{S}(u_{(q_A)}) = \hat{S}(u_{(q_A-1)}) \cdot \left(1 - \frac{d_{q_A}}{N_{q_A}}\right). \tag{1.9}$$

すなわち，

$$\hat{S}(u_{(q_A)}) = 1 \cdot \left(1 - \frac{d_1}{N_1}\right) \cdot \left(1 - \frac{d_2}{N_2}\right) \cdot \cdots \cdot \left(1 - \frac{d_{q_A-1}}{N_{q_A-1}}\right) \cdot \left(1 - \frac{d_{q_A}}{N_{q_A}}\right).$$

もし，ある時点 $u_{(i)}$ は観察打切りのみが起こった時点であるとすれば $d_i = 0$ となり，$1 - \frac{d_i}{N_i} = 1$ となる．ゆえに，そのような $t_{(i)}$ では

$$\hat{S}(u_{(i)}) = \hat{S}(u_{(i-1)}) \cdot 1 = \hat{S}(u_{(i-1)})$$

となり，上式は観察打切りのみが起こった時点では $\hat{S}(t)$ は変化しないことも表現している．以上をまとめ，各項を明示的に示すと次のようになる．

$0 \leq t < u_{(1)}$ であるとき，

$$\hat{S}(t) = 1.$$

$u_{(k)} \leq t < u_{(k+1)}, k = 1, \ldots, q_A - 1$ であるとき，

$$\hat{S}(t) = 1 \cdot \left(1 - \frac{d_1}{N_1}\right) \cdot \left(1 - \frac{d_2}{N_2}\right) \cdot \left(1 - \frac{d_3}{N_3}\right) \cdot \cdots \cdot \left(1 - \frac{d_k}{N_k}\right).$$

$t = u_{(q_A)}$ であるとき，

$$\hat{S}(t) = 1 \cdot \left(1 - \frac{d_1}{N_1}\right) \cdot \left(1 - \frac{d_2}{N_2}\right) \cdot \cdots \cdot \left(1 - \frac{d_{q_A-1}}{N_{q_A-1}}\right) \cdot \left(1 - \frac{d_{q_A}}{N_{q_A}}\right).$$

$\hat{S}(t)$ は常にイベント発現の時間でとびとびとなる階段関数（右連続，または左連続）である．本章では右連続の関数として定義した．KM法は $S(t)$ のノンパラメトリック最尤推定法（一般化した尤度を最大化する推定法）であるから，KM法により得られた生存関数推定値は，$S(t)$ にハット記号を付けて $\hat{S}(t)$ と書くことが多い．ノンパラメトリック最尤推定量に関する詳細は Kalbfleisch and Prentice (1980, 2002), Cox and Oakes

(1984) などを参照してほしい.

生存時間解析関連の書籍等（たとえば，Everitt and Pickles(2004), Gardner and Altman 著，舟喜・折笠訳 (2001) など）では，$\hat{S}(t)$ は次のような数学記号を用いて表現されていることもある．$\nu_j = u_{(j)}, j = 1, 2, \ldots, q_A$ とおく．$\nu_{q_A+1} = u_{(q_A)} + \Delta t$（$\Delta t$ は微小時間）とする．次に示すまとめの式では，2種類の添え字が使われる．添え字 j は生存率を求めたい時点 t が満たす範囲の条件を特定するときのものである．添え字 k を，$\hat{S}(t)$ の算出のために積をとっていく項の時点の添え字を特定するときのものとして使う．

$$\hat{S}(t) = \begin{cases} 1 & t < \nu_1 \text{ のとき} \\ \prod_{k=1}^{j}\left(1 - \frac{d_k}{N_k}\right) & \nu_j \leq t < \nu_{j+1} \text{ のとき}^{5)} \end{cases}$$

$\frac{d_k}{N_k}$ は時点 ν_k でのハザード，$1 - \frac{d_k}{N_k}$ は時点 ν_k での条件付き生存率で $\frac{N_k - d_k}{N_k}$ とも表現できる．したがって，$\nu_j \leq t < \nu_{j+1}$ のときは，

$$\hat{S}(t) = \prod_{k=1}^{j}\left(\frac{N_k - d_k}{N_k}\right)$$

と表現されることもある．もし $\nu_k, k = 1, \ldots, q_A$ のある時点（仮に ν_a と

[5)] ここに，記号 $\prod_{k=1}^{j}$ は，$\prod$ の下に書いてある添え字 k を 1 から 1 つずつ増やしながら j までの数値を右側の $1 - \frac{d_k}{N_k}$ に代入をして，全部の項の積を計算することを意味する．たとえば，ある時間 w がもし $j = 5$ で時間の範囲に関する不等式（つまり，$\nu_5 \leq w < \nu_6$）を満たすとする．このとき，

$$\hat{S}(w) = \prod_{k=1}^{5}\left(1 - \frac{d_k}{N_k}\right)$$
$$= \left(1 - \frac{d_1}{N_1}\right) \cdot \left(1 - \frac{d_2}{N_2}\right) \cdot \left(1 - \frac{d_3}{N_3}\right) \cdot \left(1 - \frac{d_4}{N_4}\right) \cdot \left(1 - \frac{d_5}{N_5}\right)$$

となる．また，本書では，上記のように $\hat{S}(t)$ の表現に数式記号 $\prod_{k=1}^{j}$ や各項を掛け合わせる掛け算の記号として「$\cdot$」を用いているが，「$\times$」を用いて各項を掛け合わせた式で説明している書籍もある（Swinscow and Campbell 著，折笠監訳 (2003)，今野・味村 (2012)，阿部ら (2013) など）．

おく）では打切りのみの発現であれば時点 ν_a でのハザードは 0，時点 ν_a での条件付き生存率は 1 となり，ν_a の直前と直後で生存率（累積生存率）は変化しない．表 1.4 では時点 $\nu_k, k=1,2,\ldots,18(=q_A)$ でのハザード，条件付き生存率，および KM 法による累積生存率を右側の 3 列に表示している．生存時間解析関連の書籍等では，観測された最長のイベント発現までの時間以降の $\hat{S}(t)$ の表現には不明瞭さが散見されることもある（特に，観察が継続された最長の時間（最長の観察時間）が打切りの時間である場合）ので注意が必要である．1.2.3 項を参照してほしい．

（方法 B）イベントが発現した時点ごとにイベント数を集計する表現

　方法 B では，方法 A において，イベント発現の時間に限定して条件付き生存率の積をとる．打切りのみの時点では条件付き生存率が 1 になるので，項 1 を掛けても累積生存率 $\hat{S}(t)$ は変わらない．よって積をとる項としては出現しない．

　生存率が変化する時点に限定してイベント数とリスク集合の大きさを集計する．次のような手順で行う．イベント発現または打切りの時間 $t_i, i=1,\ldots,n$ のうち，それがイベント発現までの時間（$\delta_i=1$ である被験者 i）であるものおよび最長の時間を昇順にソートする．打切りの時間である被験者を削除するのではない．打切りの時間には順位を付けていないが，表 1.3 のように打切りの時間を含めて昇順に並べ，（リスク集合の大きさを数えてから）表 1.3 右端列のようにイベント発現までの時間に限定して順位を付ける．時点ごとに集計するが，同じ時点で重複した集計は行わないので，タイがある場合には 1 つを残して時点の表示に重複がないように昇順に並べる．昇順の時間を，昇順の順序をかっこを付けた添え字として $u_{(1)} < u_{(2)} < \cdots < u_{(i)} < \cdots < u_{(q_B)}, q_B \leq n$ のように対応を付け直す．

　ここでの添え字 i $(i=1,\ldots,q_B)$ は被験者番号ではなく，時点の昇順の並び順位を示す記号として使っている．方法 A の説明では添え字に k を用いたが，方法 A の $u_{(k)}, k=1,\ldots,q_A$（順序の付け方）と方法 B のそれは同一の時点を指すとは限らない．方法 B では打切り時間のみが観測された時間は集計用の時点として抽出しない．混同を避けるために添え

字には k と異なる文字 i を使っている．一般には，被験者番号順にイベント発現の時間が延長するわけではないし，ある被験者では打切りの時間になることもあるので t_i と $u_{(i)}$ は等しくならない．「重複がないように」というのはタイの被験者を解析対象から除くという意味ではない．集計する時点が同じ（タイ）であれば集計結果は重複するので，集計を行う時点の表示を 1 つに減らしているだけである．表 1.5 および表 1.6 の場合では，左から 2 列目がイベントが発現した時間に限定してタイも考慮して昇順にソートして付けた順位である．3 位の「7 ヶ月」はタイがあるので 4 位は欠番となり，次の時間「9 ヶ月」は 5 位となる．左から 3 列目がタイがあることを考慮せずに付けた順位で，欠番はなく 1 ずつ増える．形式的には表 1.5 および表 1.6 の「時間」の行番号となっている．これが $u_{(i)}$ の添え字番号となる．いずれの順位の与え方であっても左端列の「時間」は共通である．

　もし，イベント発現時間にタイがなく，観察打切りもない場合は $q_B = n$ となる．時間が連続型変数の場合も，観測値の丸めの誤差などによりタイも起こりうる．もし，タイがあれば昇順に並べる時点としての表示は 1 つだけを残すので $q_B < n$ となる．また，もし観察打切りのみの時点があれば $q_B < n$ となる．

　それぞれの時点 $u_{(i)}, i = 1, \ldots, q_B$ でリスク集合の大きさを数える．観察打切りとイベント発現が同じ時間である場合，順位としては同じになるので集計する時点としては 1 つであるが，リスク集合の大きさを数えるときには，慣例的にはイベント発現が先に起こったと仮定して取り扱う．

　N_i および d_i をそれぞれ時点 $u_{(i)}$ でのリスク集合の大きさ（$u_{(i)}$ の直前までまだ観察が継続されていて，まだイベントが発現していない被験者の人数）およびイベント数とする．もしある被験者で観察打切りがあったとしてもその時間が $u_{(i)}$ よりもあとであれば，この被験者はリスク集合 N_i に含まれていることに気を付けてほしい．表 1.5 では左から 4 列目，5 列目にそれぞれ N_i, d_i を表示している．

　このとき KM 法による生存率（累積生存率）は t の範囲で場合分けして示され，形式的には方法 A の説明で用いた式 (1.8)，(1.9) の k を i に，

q_A を q_B に置換して求められる．参考までに数式表現を付録 A.1 に示した．この数式表現は，Kalbfleisch and Prentice (1980, 2002)，Cox and Oakes(1984)，Hosmer and Lemeshow(1999)，Lawless (2003)，Pintilie (2006)，Hanagal (2011)，Collett(2003)（およびその訳本，宮岡ら (2013)），Hosmer et al. 著，五所監訳 (2014)，Li and Ma(2013)，赤澤・柳川 (2010)，丹後 (2013)，大橋ら (2016) など多くの書籍に見られる．

方法 A, B のいずれであっても同一の $\hat{S}(t)$ が得られる．一般には，$q_A \geq q_B$ となり，等号は昇順に並べ替え後，最長の観察時間以外で観察打切りのみの時間がない場合に成り立つ．表 1.3 および表 1.6 の場合，それぞれ $q_A = 18, q_B = 12$ となる．表 1.6 では，最長の観察時間が打切り時間であるから，「時間」の行数は，イベントが発現した時間を，タイを無視して昇順に並べた数より 1 行多くなっている．

(方法 C) 個々の時点ごとに $\hat{S}(t)$ を計算する表現

次のような手順で行う．$(t_i, \delta_i), i = 1, \ldots, n$ を対として，イベント発現または打切りの時間 t_i をもとに昇順にソートする．イベント発現と打切りの時間がタイの場合はイベント発現時間を先に並べる．昇順の時間を，昇順の順序をかっこを付けた添え字として $t_{(1)} \leq t_{(2)} \leq \cdots \leq t_{(j)} \leq \cdots \leq t_{(n)}$ のように対応付ける．時点ごとにイベント数の集計を行う場合と同様に，被験者番号 j のイベント発現または打切りの時間 t_j とイベント発現または打切りの時間の長さが n 名中 j 番目の長さである時間 $t_{(j)}$ は一般的には等しくならない．$t_{(j)}, j = 1, \ldots, n$ の時間がイベント発現か打切りかを示す変数を $\delta_{(j)}, j = 1, \ldots, n$ とし，$t_{(j)}$ となった被験者 i の δ_i を代入する．すなわち，$\delta_{(j)}, j = 1, \ldots, n$ は $t_{(j)}$ がイベント発現時間であれば 1，観察打切り時間であれば 0 をとる．

まず，$t_{(j)}, j = 1, \ldots, n$ にタイはない場合を考える．このとき，時間 t が $t_{(1)}$ より前 ($0 \leq t < t_{(1)}$) であれば，$\hat{S}(t)$ は $\hat{S}(0)$ のままで，

$$\hat{S}(t) = \hat{S}(0) = 1$$

である．次に，$t = t_{(1)}$ では，

$$\hat{S}(t_{(1)}) = 1 - \frac{\delta_{(1)}}{n} = \hat{S}(t_{(1)}-) \cdot \left(1 - \frac{\delta_{(1)}}{n}\right) = \hat{S}(0) \cdot \left(\frac{n - \delta_{(1)}}{n}\right)$$

である．「$t_{(1)}-$」は $t_{(1)}$ よりも瞬間時間だけ前の時間であることを意味する．$t_{(1)}$ がイベント発現時間であれば $\hat{S}(t_{(1)}) = \frac{n-1}{n}$，打切りの時間であれば $\hat{S}(t_{(1)}) = 1$ となる．時間 t が，$t_{(1)} \le t < t_{(2)}$ では $\hat{S}(t)$ は変化せず，$\hat{S}(t) = \hat{S}(t_{(1)})$ である．

$t = t_{(2)}$ では，
$$\hat{S}(t_{(2)}) = \hat{S}(t_{(1)}) \cdot \left(1 - \frac{\delta_{(2)}}{n-1}\right)$$
$$= \hat{S}(0) \cdot \left(\frac{n - \delta_{(1)}}{n}\right) \cdot \left(\frac{n - 1 - \delta_{(2)}}{n-1}\right)$$

である．

一般に，$t_{(j)}, j = 1, \ldots, n$ の順序が1つ増えるごとにリスク集合の大きさは1つずつ減少し，$t = t_{(j)}$ でのハザードは $\frac{\delta_{(j)}}{n-j+1}$．条件付き生存率は $1 - \frac{\delta_{(j)}}{n-j+1} = \frac{n-j+1-\delta_{(j)}}{n-j+1}$ となる．すなわち，$t_{(j)}$ がイベント発現時間であればハザードは $\frac{1}{n-j+1}$，打切りの時間であれば0で，条件付き生存率はそれぞれ $\frac{n-j}{n-j+1}$，および1を意味する．

時間 t が $t_{(j)} < t < t_{(j+1)}, j = 1, \ldots, n-1$ のいずれかであれば，そのような t では $\hat{S}(t)$ は変化せず，t をはさむ直前の時点 $t_{(j)}$ での $\hat{S}(t_{(j)})$ に等しい．すなわち，
$$\hat{S}(t) = \hat{S}(t_{(j)}), \quad t_{(j)} < t < t_{(j+1)}, j = 1, \ldots, n-1.$$

イベント発現または打切りの時間 $t = t_{(j)}, j = 1, \ldots, n$ では，$\hat{S}(t_{(j)})$ は1つ前の時点 $t_{(j-1)}$ での $\hat{S}(t_{(j-1)})$ にその時点での条件付き生存率 $\frac{n-j+1-\delta_{(j)}}{n-j+1}$ を掛けて得られる．すなわち，$t = t_{(j)}, j = 1, \ldots, n$ では
$$\hat{S}(t_{(j)}) = \hat{S}(t_{(j-1)}) \cdot \frac{n-j+1-\delta_{(j)}}{n-j+1}$$

となる．ただし，$t_{(0)} = 0$ とする．以上をまとめると次のようになる．
$0 \leq t < t_{(1)}$ であるとき，

$$\hat{S}(t) = 1$$

$t_{(j)} \leq t < t_{(j+1)}, j = 1, \ldots, n-1$ であるとき，

$$\hat{S}(t) = 1 \cdot \frac{n - \delta_{(1)}}{n} \cdot \frac{n - 1 - \delta_{(2)}}{n - 1} \cdot \frac{n - 2 - \delta_{(3)}}{n - 2} \cdot$$
$$\cdots \cdot \frac{n - j + 1 - \delta_{(j)}}{n - j + 1}.$$

$t = t_{(n)}$ であるとき，

$$\hat{S}(t) = 1 \cdot \frac{n - \delta_{(1)}}{n} \cdot \frac{n - 1 - \delta_{(2)}}{n - 1} \cdot \frac{n - 2 - \delta_{(3)}}{n - 2} \cdot$$
$$\cdots \cdot \frac{n - j + 1 - \delta_{(j)}}{n - j + 1} \cdot \cdots$$
$$\frac{3 - \delta_{(n-2)}}{3} \cdot \frac{2 - \delta_{(n-1)}}{2} \cdot \frac{1 - \delta_{(n)}}{1}.$$

右辺の第 $(j+1)$ 項目において，もし $\delta_{(j)} = 1$ である場合，分子は次の第 $(j+2)$ 項目の分母と同一になる．隣接する項で $\delta_{(j)} = 1$ が続いている場合は順次約分ができるので，計算式は簡素化することができる．たとえば，$t_{(j)}, j = 1, \ldots, n$ すべてがイベント発現時間であれば，すべての j で $\delta_{(j)} = 1$ である．このとき，隣接する各項で約分ができ，$\hat{S}(t_{(j)}) = \frac{n-j}{n}$ となる．

また $\delta_{(n)} = 1$ であれば，$t \geq t_{(n)}$ では $\hat{S}(t) = 0$ である．書籍等（たとえば Woolson and Clarke (2002)，朝倉・濱崎 (2015) など）では次のような数学記号を用いて表現されていることもある[6]．

---

[6] ここに，記号 $\prod_{i : t_{(i)} \leq t}$ は，$t_{(i)} \leq t$ が成立する i のみを $\frac{n-i+1-\delta_{(i)}}{n-i+1}$ の i に逐次代入して，それらの項の積を計算することを意味する．t が大きくなるにつれてそのような i の個数は増えていく．

$$\hat{S}(t) = \begin{cases} 1 & t < t_{(1)} \text{ のとき} \\ \prod_{i:t_{(i)} \leq t} \dfrac{n-i+1-\delta_{(i)}}{n-i+1} & t_{(i)} \leq t < t_{(i+1)} \text{ のとき} \end{cases} \quad (1.10)$$

最長の観測値 $t_{(n)}$ が打切りの時間で，t が $t_{(n)} < t$ の場合，$\hat{S}(t)$ は式 (1.10) になるとは限らないので後ほど改めて述べる．

次に，イベント発現時間にタイがある場合を考える．詳細な説明は付録 A.2 に記し，ここでは結果のみを述べる．ある時点 $t = t_{(\tau)}$ でイベント発現時間に d_τ 個のタイがある場合は，

$$\hat{S}(t) = \hat{S}(t_{(\tau-1)}) \cdot \frac{n-\tau+1-d_\tau}{n-\tau+1} \quad (1.11)$$

今度は，打切り時間にタイがある場合を考える．ある時点 $t_{(\eta)}$ で打切り時間に $c_{(\eta)}$ 個のタイがあった場合，$\hat{S}(t_{(\eta)}+) = \hat{S}(t_{(\eta-1)})$ となり，打切り時間のみが発現した時点ではタイがあったとしても生存率の推定値が変化しないことも表現できている．詳細は付録 A.2 を参照してほしい．

最後に，イベント発現時間と打切り時間の両方で同時にタイがある場合を考える．ある時点 $t_{(\tau)}$ でイベント発現時間に d_τ 個のタイおよび打切り時間に c_τ 個のタイがあった場合は，

$$\hat{S}(t) = \hat{S}(t_{(\tau-1)}) \cdot \frac{n-\tau+1-d_\tau}{n-\tau+1}$$

(方法 D)　イベントが発現した個々の時点ごとに $\hat{S}(t)$ を計算する表現

方法 D では，方法 C において，イベント発現の時間に限定して条件付き生存率の積をとる．次のような手順で行う．

まず方法 C と同一の方法で $(t_{(j)}, \delta_{(j)}), j = 1, \ldots, n$ を得る．すなわち，$t_{(1)} \leq t_{(2)} \leq \cdots \leq t_{(n)}$ となり $t_{(j)}, j = 1, \ldots, n$ がイベント発現時間であれば $\delta_{(j)} = 1$，観察打切り時間であれば $\delta_{(j)} = 0$ である．$\delta_{(j)} = 0$ となる時点ではハザードは 0 となり，したがって条件付き生存率は 1 となる．1 を掛けても積は変化しないので，このような項は方法 D では $\hat{S}(t)$ の算出に明示的に表現しない（省略する）．いま，$\delta_{(j)} = 1$（$t_{(j)}$ がイベント発現

時間）である場合のみ条件付き生存率を計算する．イベント発現時間にタイがない場合，いずれの j であってもイベント数は 1，リスク集合の大きさは n から $(j-1)$ だけ減少しているのでハザードは $\dfrac{1}{n-j+1}$ となり，条件付き生存率は $1 - \dfrac{1}{n-j+1} = \dfrac{n-j}{n-j+1}$ となる．

KM法による生存率（累積生存率）の推定は，方法 C の $\hat{S}(t)$ の表現で $\delta_{(j)} = 1$ の項のみを残して積を計算する．イベント発現時間にタイがある場合も方法 C と同様である．ただし，t の範囲の場合分けには $\delta_{(j)} = 1$ となる $t_{(j)}$ のみを用いる．数式表現に興味を持つ読者のために，付録 A.3 に式表現を用いて説明した．

書籍等（たとえば，Lee and Wang (2003), Marubini and Valsecchi (2004) など）では次のような数学記号を用いて表現されていることもある．イベント発現時間に付与された全体での昇順の順位を抽出するために，手順を1つ追加する．$t_{(j)}, j = 1, \ldots, n$ がイベント発現時間 ($\delta_{(j)} = 1$) であれば $r = j$ とし，それ以外では r は定義しない．$t_{(j)}$ がイベント発現時間であるものに限定してソートし，昇順の順序 (ℓ) を r の添え字として用いる．今後，二重の下付き添え字が見づらい場合には表記 $r(\ell)$ も使用する．$r_{(1)}$（または $r(1)$）は最短のイベント発現時間の全体での順位，$r_{(2)}$（または $r(2)$）は2番目に短いイベント発現時間の全体での順位，一般に，$r_{(\ell)}$（または $r(\ell)$），$\ell = 1, 2, \cdots, q_D$ は ℓ 番目に短いイベント発現時間の全体での順位とする．このとき，

$$\hat{S}(t) = \begin{cases} 1 & t < t_{(r_{(1)})} \text{ のとき} \\ \displaystyle\prod_{r: t_{(r)} \leq t} \dfrac{n-r}{n-r+1} & t_{(r_{(1)})} \leq t \text{ のとき}^{7)} \end{cases} \qquad (1.12)$$

もし，イベント発現時間にタイがある場合は，最小となる $\hat{S}(t)$ をその時点の累積生存率として用いる．Marubini and Valsecchi (2004, p47) で

---

[7] ここに，記号 $\displaystyle\prod_{r: t_{(r)} \leq t}$ は，イベント発現時間の順位 (r) のみに注目し，$t_{(r)} \leq t$ が成立する r のみを $\dfrac{n-r}{n-r+1}$ の r に逐次代入して，それらの項の積を計算することを意味する．

は，タイが存在しないという条件で式 (1.12) の r の代わりに j を用いて表現している．

表 1.1 のデータを用いて方法 C の順位 i および方法 D の r を表 1.7 に例示する．方法 D の ℓ は明記してないが，r が「—」でない行の昇順の番号に相当する．$r(\ell)$ として明示すれば，$r(1) = 1, r(2) = 2, r(3) = 4, r(4) = 5, \ldots, r(12) = 19$ となる．

表 1.7 では 7 ヶ月でタイがあり，順位 4 と順位 5 が 7 ヶ月に与えられている．7 ヶ月時の累積生存率としては $\hat{S}(7) = 0.85$ または 0.79 のうち最小となる 0.79 を用いる．

方法 C では，すべての時点での条件付き生存率が積をとる項として出現するが，方法 D では打切りの時点では項としては出現しない．それらの時点では条件付き生存率が 1 になるので，項 1 を掛けても累積生存率 $\hat{S}(t)$ は変わらない．方法 C では項 1 を掛けて $\hat{S}(t)$ を算出するので，このときの $\hat{S}(t)$ は表 1.7 ではかっこを付けて表示している．

方法 A~D で $\hat{S}(t)$ の式表現は異なるものの，いずれにおいても，$\hat{S}(t)$ を求める各項の分母はイベントまたは打切りが観測された時点でのリスク集合の大きさを意味し，分子はその時点でまだイベントを発現していない人数を意味している．タイがない場合は，方法 A と方法 C の $\hat{S}(t)$ を表現する式における各項はすべて一致する．また，イベント発現時間にタイがない場合は，方法 B と方法 D の $\hat{S}(t)$ を表現する式における各項はすべて一致する．

1.2.3 最長の観測データが打切りまでの時間である場合

Kaplan and Meier(1958) では，$t > t_*$（最長のイベント発現または打切りまでの時間）では KM 法は定義されていない（undefined（未定義）とされていた）．現在は次の 3 つの取り扱いがある．

表 1.7 例題 1.1 の KM 法の表現方法 C および D による累積生存率の算出

時間 (月)	順位 (t)	イベントが発現した時間の順位 (r) を抽出	$n-i+1$ (リスク集合の大きさ)	$n-i+1-\delta_i$	$\dfrac{n-r}{n-r+1}$ (条件付き生存率)	$S(t)$ (累積生存率)
2	1	1	20	19	19/20	.95
3	2	2	19	18	18/19	$.95 \times (18/19) = .90$
5+	3	—	18	18	—	(.90)
7	4	4	17	16	16/17	$.90 \times (16/17) = .85$
7	5	5	16	15	15/16	$.85 \times (15/16) = .79$
8+	6	—	15	15	—	(.79)
9	7	7	14	13	13/14	$.79 \times (13/14) = .74$
10	8	8	13	12	12/13	$.74 \times (12/13) = .68$
14+	9	—	12	12	—	(.68)
17	10	10	11	10	10/11	$.68 \times (10/11) = .62$
20	11	11	10	9	9/10	$.62 \times (9/10) = .56$
21+	12	—	9	9	—	(.56)
24	13	13	8	7	7/8	$.56 \times (7/8) = .49$
24+	14	—	7	7	—	(.49)
26+	15	—	6	6	—	(.49)
27	16	16	5	4	4/5	$.49 \times (4/5) = .39$
30	17	17	4	3	3/4	$.39 \times (3/4) = .29$
31+	18	—	3	3	—	(.29)
33	19	19	2	1	1/2	$.29 \times (1/2) = .15$
36+	20	—	1	1	—	(.15)

$$\hat{S}(t) = \begin{cases} \text{未定義} & (\text{Kaplan and Meier, 1958}) \\ 0 & (\text{Efron, 1967}) \\ \hat{S}(t_*) & (\text{Gill, 1980}) \end{cases}$$

それぞれの取り扱いによりバイアスの方向が変わるので注意が必要である．図 1.5〜図 1.10 では $t > t_*$ の $\hat{S}(t)$ を未定義とし，36 ヶ月以降では $\hat{S}(t)$ を表示していない．

1.2.4 生存関数の信頼区間と信頼帯

KM 法による推定値 $\hat{S}(t)$ の各時点での分散 $Var(\hat{S}(t))$ は，近似的に式 (1.13) で表現できる．この式はグリーンウッド式 (Greenwood formula) と呼ばれる (Greenwood, 1926)．標準誤差 (standard error; SE) は分散の平方根により得られる[8]．

$t_{(j)} \leq t < t_{(j+1)}$ であるとき，

$$Var(\hat{S}(t)) = \hat{S}(t)^2 \sum_{i:t_{(i)} \leq t} \frac{d_i}{N_i(N_i - d_i)} \quad (1.13)$$
$$= (\hat{S}(t_{(j)}))^2 \left(\sum_{i:t_{(i)} \leq t} \frac{d_i}{N_i(N_i - d_i)} \right).$$

たとえば，表 1.5 の $\hat{S}(2)$ および $\hat{S}(3)$ の分散は，

$$Var(\hat{S}(2)) = \hat{S}(2)^2 \frac{1}{20(20-1)} = \left(\frac{19}{20}\right)^2 \cdot \frac{1}{20 \cdot 19} = \frac{19}{8000}$$

$$Var(\hat{S}(3)) = \hat{S}(3)^2 \left\{ \frac{1}{20(20-1)} + \frac{1}{19(19-1)} \right\}$$
$$= \left(\frac{9}{10}\right)^2 \cdot \left(\frac{1}{20 \cdot 19} + \frac{1}{19 \cdot 18}\right) = \frac{9}{2000}$$

---

[8] ここに，記号 $\sum_{i:t_{(i)} \leq t}$ は，添え字の i を 1 から 1 ずつ増やしていき $t_{(i)} \leq t$ が成立するような i の数値を順次 $\frac{d_i}{N_i(N_i - d_i)}$ に代入して全部の項の和をとることを意味する．

となる.標準誤差はそれぞれ $\sqrt{Var(\hat{S}(2))} = \sqrt{19/8000} = 0.049$ および $\sqrt{Var(\hat{S}(3))} = \sqrt{9/2000} = 0.067$ となる.

$\hat{S}(t)$ が階段関数になるのと同様に,分散や標準誤差もイベント発現の時間でのみ変化する階段関数となる.そのため $t_{(j)} \leq t < t_{(j+1)}$ である時間 t の範囲内では分散は同一の大きさとなり式 (1.13) の右辺で表現される.これにより,打切り数が増加すれば N_i は小さくなり分散は増大する定量的な関係も知ることができる.このほかに,分散の推定法はグリーンウッド式の修正版 (Cox and Oakes, 1984),ブートストラップ法による推定 (Efron, 1981) 等がある.

観察打切り例が全くない場合は,式 (1.13) を変形すれば次の式になり,成功確率を $\hat{S}(t)$ とする二項分布の分散として表現できる.

$$Var(\hat{S}(t)) = \frac{\hat{S}(t)(1-\hat{S}(t))}{n}$$

右辺に N_i が入らないことから時点 t までに観察打切り例がない場合は,時点 t 以前の標準誤差は被験者総数 n に依存するが,時点 t でのリスク集合の大きさの影響を受けないことがわかる.KM 推定値 $\hat{S}(t)$ は経時的に減少(非増加)するが,推定精度は,経時的に常に悪化するというわけではない.

各時点 t_0 ごとの $S(t_0)$ の両側 $100(1-\alpha)\%$ 信頼区間は $\hat{S}(t_0)$ の漸近正規性により次のように近似できる.

$$\hat{S}(t_0) \pm \phi_{\alpha/2} \sqrt{Var(\hat{S}(t_0))} \tag{1.14}$$

ここに,$\phi_{\alpha/2}$ は標準正規分布の上側 $\alpha/2$ 点である.$\hat{S}(t_0)$ が 1 や 0 に近かったり標準誤差 $\left(\sqrt{Var(\hat{S}(t))}\right)$ が大きかったりする場合,信頼区間の端点が 1 を超えたり 0 を下回ることがある.理論的に $S(t_0)$ は 0~1 の範囲内であることはわかっているので,信頼区間が $[0,1]$ に必ず入るようにするために,$\log(-\log \hat{S}(t_0))$ の分散をもとに $S(t_0)$ の両側 $100(1-\alpha)\%$ 信頼区間を次式で求めることもできる.この変換を二重対数変換と呼び,変換を行ったあとで正規近似をした方がよい場合もある (Kalbfleisch and

Prentice, 1980).

$$\hat{S}(t_0) \exp\left[\pm\phi_{\alpha/2}\sqrt{Var(\hat{S}(t_0))/[(\log \hat{S}(t_0))\hat{S}(t_0)]^2}\right]$$
$$= \hat{S}(t_0) \exp[\pm\phi_{\alpha/2}\hat{v}(t_0)] \tag{1.15}$$

ここに $\hat{v}^2(t_0) = Var(\hat{S}_0(t_0))/[(\log \hat{S}(t_0))\hat{S}(t_0)]^2$ である.

SAS では, $S(t)$ の各時点の信頼区間の計算方法は, LIFETEST プロシージャの CONFTYPE オプションで指定できる. CONFTYPE=LINEAR により式 (1.14) を用いた信頼区間を, CONFTYPE=LOGLOG により $\log(-\log \hat{S}(t))$ の分散を利用した信頼区間を得る. そのほか, 逆正弦変換を利用すること (CONFTYPE=ASINSQRT) なども可能である. 計算結果は OUTSURV=SAS **データセット名** を指定してファイルに出力できる.

例題 1.1 のデータを用いて, KM 法により生存率を推定し, 時点ごとにグリーンウッド式を用いて計算した両側 95% 信頼区間, および, 二重対数 (loglog) 変換を利用して計算した両側 95% 信頼区間を表 1.8 および図 1.7 に示す.

生存率は理論的に 0～1 の範囲内であるので, グリーンウッド式 (GW) による 95% 信頼区間上限が 1 を超える場合は 1 で置換し, 95% 信頼区間下限が負になる場合は 0 で置換している. 生存率が 0 や 1 に近い場合はグリーンウッド式による方法と二重対数変換を利用した方法との間で 95% 信頼区間のズレが大きいが, 生存率が 0.5 に近い場合はいずれの方法でもほぼ同様の 95% 信頼区間が得られることがわかる. 一般に, サンプルサイズが大きくなるほどこの 2 つの方法による 95% 信頼区間は類似したものになる.

図 1.7 の時点ごとの 95% 信頼区間を結んだ領域の間に真の生存率曲線すべてを含む確率が信頼係数 $100(1-\alpha)$% を保証することにはならない. 式 (1.14), (1.15) は複数の時点での同時信頼区間ではないことに注意してほしい. 図 1.7 では時点ごとの信頼限界を線で結んでいるので誤解があるかもしれないが, この信頼限界の解釈は, ある 1 時点を任意に選んで固定した場合の推測における信頼係数 95% ということである. 図 1.7 に示

表 1.8 KM 法による生存率と時点ごとの信頼区間

時間(月)	リスク集合の大きさ	イベント数	打切り数	生存率	生存率の標準誤差	95%信頼区間(GW) 下限	上限	95%信頼区間(二重対数) 下限	上限
0	20	0	0	1	0	1	1	1	1
2	20	1	0	0.950	0.049	0.854	1	0.695	0.993
3	19	1	0	0.900	0.067	0.769	1	0.656	0.974
5	18	0	1	0.900	0.067	0.769	1	0.656	0.974
7	17	2	0	0.794	0.092	0.614	0.974	0.540	0.917
8	15	0	1	0.794	0.092	0.614	0.974	0.540	0.917
9	14	1	0	0.737	0.101	0.539	0.936	0.478	0.882
10	13	1	0	0.681	0.108	0.468	0.893	0.421	0.843
14	12	0	1	0.681	0.108	0.468	0.893	0.421	0.843
17	11	1	0	0.619	0.115	0.394	0.844	0.359	0.798
20	10	1	0	0.557	0.119	0.324	0.790	0.302	0.751
21	9	0	1	0.557	0.119	0.324	0.790	0.302	0.751
24	8	1	0	0.487	0.123	0.247	0.728	0.240	0.696
26	6	0	1	0.487	0.123	0.247	0.728	0.240	0.696
27	5	1	0	0.390	0.131	0.133	0.647	0.150	0.627
30	4	1	0	0.292	0.130	0.038	0.547	0.083	0.545
31	3	0	1	0.292	0.130	0.038	0.547	0.083	0.545
33	2	1	0	0.146	0.122	0	0.385	0.011	0.440
36	1	0	1	0.146	0.122	0	0.385	0.011	0.440

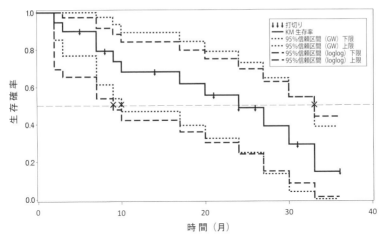

図 1.7　KM 法による生存率と時点ごとの信頼区間

した時点ごとの $100(1-\alpha)\%$ 信頼区間の上限，下限を破線で結んだ領域内に真の生存率曲線全体が含まれている確率は $100(1-\alpha)\%$ よりも低くなる．

複数の時点に対して時点ごとに式 (1.14), (1.15) により信頼係数 $100(1-\alpha)\%$ の信頼区間を算出することは，複数回の信頼区間を推定／検定する多重性の調整を行っていないので，すべての時点にわたってのその信頼区間が（真値を含む確率）信頼係数 $100(1-\alpha)\%$ を保証することにはならない．破線で結んだ領域は KM 推定曲線をはさんでいる帯のように見える．この帯のような領域内に真の生存率曲線全体が含まれている確率を $100(1-\alpha)\%$ に保証するには，$S(t)$ の $[0, t_*]$ 上の信頼帯 (confidence bands, $S(t_*) > 0$) を求める．信頼帯の推定方法の代表的なものは 2 つある．等精度信頼帯 (equal precision band, EP band)，およびハル・ウェルナー信頼帯 (Hall Wellner band, HW band) と呼ばれているものである．

いずれの信頼帯も，信頼区間と同様に，線形（変換なし）または二重対数変換などを利用して構成することができる．等精度信頼帯は，信頼帯を求める時間の範囲内のすべての時点で，信頼帯の幅と時点ごとの信頼区間の幅の比（変換を利用する場合は $\log(-\log)$ など最初に構成する

尺度で見るときの幅の比）が，一定になっている．ハル・ウェルナー信頼帯は，右側打切りデータがない場合のコルモゴロフ・スミルノフ検定 (Kolmogorov-Smirnov test) による信頼領域（変換を利用する場合は $\log(-\log)$ など最初に構成する尺度で見るときの信頼領域）の算出方法を，右側打切りデータがある場合に拡張した一つの方法と見なせる．

信頼帯の理論的導出には確率過程の理論を用いているため本書では詳細を割愛し，それぞれの特徴についてのみ説明する．詳細は Klein and Moeschberger(2003) や Andersen et al. (1993) を参照してほしい．興味のある読者は巻末の参考文献を参照してほしい．信頼帯の端点の算出式は付録 A.4 に簡単な説明とともに記載した．以降はおもに具体例を用いて信頼区間と信頼帯の相違を見ていく．

等精度信頼帯は各時点での標準誤差を利用して算出する．グリーンウッド式を用いた標準誤差または二重対数変換を利用した標準誤差のどちらに基づいても算出できる．表 1.8 の時点ごとの両側 95% 信頼区間とグリーンウッド式を用いた等精度信頼帯を図 1.8(a) に，二重対数変換を用いた等精度信頼帯を図 1.8(b) に示す．信頼帯を推定する時間範囲の上限は，最長のイベント発現の時点 t_*（右側打切りデータではない時点）までとなる．信頼帯を求めたい時間幅の起点と終点をそれぞれ t_L, t_u とおく．等精度信頼帯では $0 < t_L < t_u \leq t_*$ と，時間幅に 0 を含まないという条件がある．等精度信頼帯では t_L は最初のイベント発現時間以降から t_* までの間での構成となる．信頼帯の端点の算出時に，時点 t での KM 法による $\hat{S}(t)$ または $\hat{S}(t)$ の対数変換値の標準誤差を利用するので，最初にイベントが発現する時間までは信頼帯の幅は 0 になっている．時点ごとの信頼区間と同様に，右側打切りが観測される時点では，KM 法やその標準誤差は変化しないので，信頼帯の端点も変化しない．グリーンウッド式を用いた等精度信頼帯は，$\hat{S}(t)$ が 0 または 1 に近いときを除き，$\hat{S}(t)$ を中心に上下対称で，等精度信頼帯の帯の幅は，グリーンウッド式を用いた信頼区間の幅と任意の時点で比が一定であり，信頼区間の幅と比例関係にある（図 1.8(a)）．時点ごとに $100(1-\alpha)\%$ 信頼区間を構成する際に $\phi_{\alpha/2}$ を用いたが，等精度信頼帯で信頼帯を構成する際の $\phi_{\alpha/2}$ 相当の係数は全

(a) グリーンウッド式を用いた場合

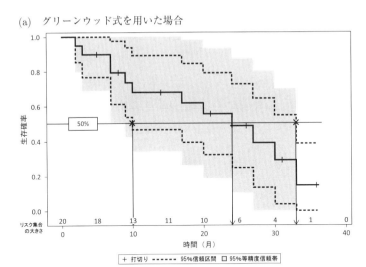

(b) 二重対数変換を用いた場合

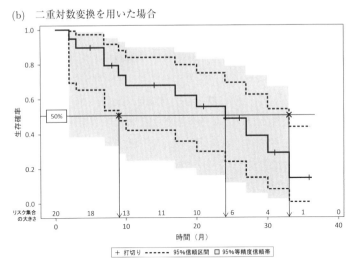

図 1.8 生存率の時点ごとの信頼区間と等精度信頼帯

体の有意水準 α，帯を構成する際の t_L, t_u，およびサンプルサイズに依存したある定数で，時点によらず共通な値として定まる．二重対数変換を用いた等精度信頼幅は $\log(-\log \hat{S}(t))$ を中心にした上下対称な区間（信頼帯）を原尺度に逆変換するので上記の特徴を持たない（図 1.8(b)）．二重

対数変換を用いる方法はサンプル数が 25 程度の少数でも性能が悪くないという報告もあるが，図 1.8 に等精度信頼帯を影の領域で示したようにその信頼帯の幅はだいぶ広い．

ハル・ウェルナー信頼帯では $0 \leq t_L < t_u \leq t_*$ である (t_L, t_u) 上で構成できる．等精度信頼帯でグリーンウッド式および二重対数変換により信頼区間を求めたように，ハル・ウェルナー信頼帯も線形（変換なし）および二重対数変換により求めることができる．二重対数変換を用いる場合は $0 < t_L < t_u \leq t_*$ という条件がある．表 1.8 の時点ごとの両側 95% 信頼区間とハル・ウェルナー信頼帯を，図 1.8 と同様に影の領域で図 1.9 に示す．図 1.9 が示すように t が小さいときは，二重対数変換を用いたハル・ウェルナー帯は信頼区間の幅よりもかなり幅が広くなる．

ハル・ウェルナー信頼帯および等精度信頼帯ともに，信頼帯を構成する際の係数は時間幅 (t_L, t_u) にも依存する．有意水準が小さくなるほど，また時間幅が広くなるほど係数は大きくなる（非減小である）．t_L, t_u は，統計的観点よりもむしろ（応用領域の）医学的観点から定める方が有用かもしれない．たとえば，例題 1.1 のデータで，3 年間の生存率を推定しているが，後の方での生存率に特に注目するとしよう．$(t_L, t_u) = (24, 36)$ と設定した等精度およびハル・ウェルナー信頼帯を表 1.9 に，また図 1.10 にハル・ウェルナー信頼帯を示す．信頼帯を構成する時間の範囲を限定すると（図 1.10），限定しないとき（図 1.9）に比べて帯幅は狭くなる．

これらの信頼帯は，たとえば SAS9.4 のような汎用ソフトで，オプションとして指定すれば容易に得ることができる．SAS プログラムの一例を付録 A.5 に示した．

1.2.5　生存時間中央値およびパーセント点の推定

生存時間データには観察打切りデータも含まれるため，通常は，観測データ（連続変量）を順位付けしてパーセント点を求めるようなことはしない．一般に，q パーセント点 t_q の推定値は KM 法を利用して次式のように推定する．

(a) グリーンウッド式を用いた場合

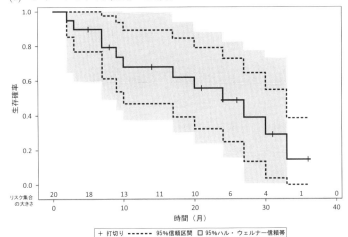

(b) 二重対数変換を用いた場合

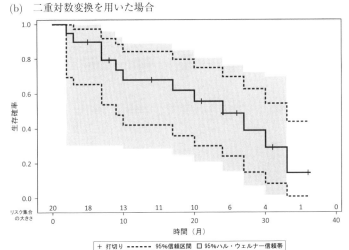

図 1.9 生存率の時点ごとの信頼区間とハル・ウェルナー信頼帯

$$\hat{t}_q = \min\left\{t; \hat{S}(t) \leq 1 - \frac{q}{100}\right\} \quad (1.16)$$

右辺は，$\hat{S}(t) \leq 1 - \dfrac{q}{100}$ を満たすような最小の t の意味である．対象の

表 1.9 KM 法による生存率と信頼帯

(a) グリーンウッド式を用いた場合（線形）

時間(月)	生存率	HW95%信頼帯 (全体)		HW95%信頼帯 (24〜36月)		等精度信頼帯 (全体)		等精度信頼帯 (24〜36月)	
		下限	上限	下限	上限	下限	上限	下限	上限
0	1	—	—						
2	0.950	0.646	1			0.797	1		
3	0.900	0.596	1			0.690	1		
5	0.900	0.596	1			0.690	1		
7	0.794	0.488	1			0.506	1		
8	0.794	0.488	1			0.506	1		
9	0.737	0.429	1			0.420	1		
10	0.681	0.369	0.992			0.341	1		
14	0.681	0.369	0.992			0.341	1		
17	0.619	0.302	0.936			0.259	0.978		
20	0.557	0.234	0.880			0.185	0.929		
21	0.557	0.234	0.880			0.185	0.929		
24	0.487	0.152	0.823	0.180	0.740	0.103	0.872	0.142	0.768
26	0.487	0.152	0.823	0.180	0.740	0.103	0.872	0.142	0.768
27	0.390	0.003	0.777	0.086	0.696	0	0.801	0.073	0.712
30	0.292	0	0.730	0.024	0.666	0	0.699	0.032	0.645
31	0.292	0	0.730	0.024	0.666	0	0.699	0.032	0.645
33	0.146	0	0.809	0	0.798	0	0.529	0.001	0.573
36	0.146	0	0.809	0	0.798	0	0.529	0.001	0.573

(b) 二重対数変換を用いた場合

時間 (月)	生存率	HW95%信頼帯 (全体)		HW95%信頼帯 (24〜36 月)		等精度信頼帯 (全体)		等精度信頼帯 (24〜36 月)	
		下限	上限	下限	上限	下限	上限	下限	上限
0	1	—	—			1	1		
2	0.950	0	1.000			0.308	0.998		
3	0.900	0.075	0.996			0.380	0.989		
5	0.900	0.075	0.996			0.380	0.989		
7	0.794	0.294	0.958			0.329	0.953		
8	0.794	0.294	0.958			0.329	0.953		
9	0.737	0.300	0.926			0.286	0.929		
10	0.681	0.283	0.889			0.245	0.900		
14	0.681	0.283	0.889			0.245	0.900		
17	0.619	0.247	0.848			0.200	0.867		
20	0.557	0.207	0.805			0.160	0.830		
21	0.557	0.207	0.805			0.160	0.830		
24	0.487	0.154	0.759	0.183	0.792	0.116	0.787	0.137	0.838
26	0.487	0.154	0.759	0.183	0.792	0.116	0.787	0.137	0.838
27	0.390	0.067	0.720	0.039	0.741	0.056	0.735	0.015	0.765
30	0.292	0.016	0.695	0	0.690	0.022	0.672	0	0.663
31	0.292	0.016	0.695	0	0.690	0.022	0.672	0	0.663
33	0.146	0	0.834	0	0.748	0.001	0.611	0	0.495
36	0.146	0	0.834	0	0.748	0.001	0.611	0	0.495

(a) グリーンウッド式を用いた場合

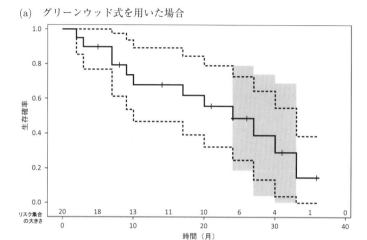

(b) 二重対数変換を用いた場合

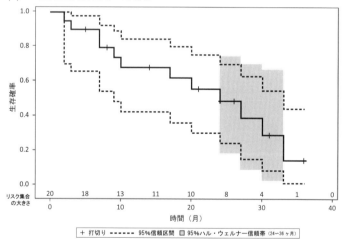

図 1.10 生存率の時点ごとの信頼区間と 24〜36 ヶ月に限定した信頼帯

$(100-q)\%$ は少なくとも $\hat{t}_q$ だけの生存期間を期待できるだろう，と解釈できる．$\hat{S}(t)$ は階段関数になるので，$\hat{S}(t) = 1 - \dfrac{q}{100}$ となる時間は 1 点ではなく，ある時間の区間となる．また，$1 - \dfrac{q}{100}$ が階段関数の段差

の部分に相当し，$\hat{S}(t) = 1 - \frac{q}{100}$ となる正確な時間がないかもしれない．式 (1.16) のように定義をすれば，$\hat{t}_q$ はイベントが発現した時間（観察打切りになった時間ではなく）のいずれかが該当する．たとえば，$q = 50 (50/100 = 1/2)$ すなわち中央値の場合を考えてみる．$\hat{S}(t)$ は時間の起点から単調減少（非増加）していく．初めて，$\hat{S}(t) = 1/2 = 0.5$ または $\hat{S}(t) < 0.5$ となる時点が $\hat{t}_{50}$ となる．$\hat{t}_{50}$ は，ちょうど研究対象の半分の被験者がイベントを発現するまでの時間，すなわち生存時間中央値であり分布の要約として重要な指標である．打切りがない場合は，イベント発現までの時間を昇順にソートして順位を付け，q パーセント点になる順位に該当するイベント発現までの時間となる．ただし，たとえば，被験者数が偶数のときなど，q パーセント点が中間順位に相当する場合は，式 (1.16) と順位による推定との間で t_q の推定値は必ずしも一致するとは限らない（表 1.12 参照）．

　生存時間中央値を推定するには研究対象の半分の被験者がイベントを発現するまでの期間を見積もり，ばらつきを考慮するとそれより長めの研究期間が必要になる．研究対象の疾患が長期の生存が期待されるような場合，たとえば，初めて乳癌にかかり手術適用になった場合の術後生存期間は，医学の進歩によりかなり延長している．生存期間中央値は 20 年を超える．このような対象で新しい治療法や再発予防法の比較試験を生存期間を主要評価項目として行う場合，もし生存期間中央値まで観察をして良し悪しを判定するとすれば，そのような長い期間待たないと良い治療法を広げることができないことになる．それは，劣る治療法を受けている対象の半分の人たちがイベントを発現（死亡）するまで待つことにもなり，倫理的には劣る治療法を受ける人数を減らすことや劣る治療法を受ける期間を短くする工夫が必要になる．このような研究対象においては生存時間分布の要約指標としては 25 パーセント点（t_{25}，第 1 四分位点）や 20 パーセント点（t_{20}，第 1 五分位）なども用いられる．

　なお，Hosmer and Lemeshow(1999) など，書籍によっては，q パーセント点の定義を次のように定めていることがある．

$$\hat{t}_q = \min\left\{t; \hat{S}(t) \leq \frac{q}{100}\right\} \tag{1.17}$$

この場合は,対象の $q\%$ は少なくとも $\hat{t}_q$ だけの生存期間は期待できるだろうと解釈し,$q_1 < q_2 < q_3$ であれば $\hat{t}_{q_3} \leq \hat{t}_{q_2} \leq \hat{t}_{q_1}$ という関係になる(たとえば,$\hat{t}_{75} \leq \hat{t}_{50} \leq \hat{t}_{25}$).式 (1.16) の定義では $\hat{t}_{q_1} \leq \hat{t}_{q_2} \leq \hat{t}_{q_3}$ となる.

1.2.6 生存時間中央値およびパーセント点の信頼区間

生存時間中央値をはじめ,生存時間のパーセント点の信頼区間は時点ごとの生存率の信頼区間を利用して求めることができる.ノンパラメトリックな信頼区間推定法と呼ばれる方法 (Brookmeyer and Crowley, 1982) では,まず,生存率の信頼区間の算出方法を定める.主な方法は先に説明したグリーンウッド式によるものと二重対数変換を利用する方法である.図 1.7 に時点ごとの生存率の両側 95% 信頼区間を破線で示している.まず,$q = 50$(中央値)の場合を考える.時点ごとの 95% 信頼区間が $S(t) = \frac{q}{100} = 0.5$ を含んでいる時間の範囲を生存時間中央値の両側 95% 信頼区間とする.

視覚的には,生存時間中央値 ($S(t) = 0.5$ となる t) の場合であれば,$S(t) = 0.5$ の線を時間軸に平行に引き,その線を時点ごとの生存率の信頼区間が含んでいる期間が生存時間中央値の信頼区間に対応する.図 1.7 に,時点ごとの生存率の 95% 信頼区間を求める 2 つの方法による,生存時間中央値の 95% 信頼区間の端点を × 印で示した.95% 信頼区間の上限は 2 つの方法で同一である.図 1.8 には,これらの 2 つの方法ごとに別々に分けて,生存時間中央値の 95% 信頼区間の端点を × 印で示した.2 つの × 印の間隔が信頼区間の長さとなる.すなわち,図 1.8(a) では時点ごとの $S(t)$ の 95% 信頼区間は 10〜33 ヶ月で 0.5 を含み,図 1.8(b) では 9〜33 ヶ月で 0.5 を含んでいるので,それぞれが生存時間中央値の両側 95% 信頼区間となる.$S(t)$ の信頼区間の算出方法は図 1.8(a) と図 1.8(b) で異なるため,生存時間中央値の信頼区間は両者で若干の差異が見られる.

表 1.10 例題 1.1 の生存時間分布の四分位点の推定

パーセント	点推定 (月)	95%信頼区間 (GW)		95%信頼区間（二重対数）	
		下限（月）	上限（月）	下限（月）	上限（月）
75	33.0	24.0	—	24.0	—
50	24.0	10.0	33.0	9.0	33.0
25	9.0	7.0	24.0	2.0	24.0

一般に，信頼係数が $100(1-\alpha)\%$ の場合は $S(t)$ の時点ごとの $100(1-\alpha)\%$ 信頼区間を用いて，また生存時間の第 1 四分位点（式 (1.16) の定義では $q=25$, $S(t)=0.75$ となる t, 式 (1.17) の定義では $q=25$, $S(t)=0.25$ となる t) などの q パーセント点の信頼区間は，式 (1.16) または式 (1.17) で q を設定することにより中央値の場合と同様にして求めることができる．表 1.10 に例題 1.1 の生存時間分布の中央値（第 2 四分位点）など四分位点の両側 95% 信頼区間を示す．

例題 1.1 のデータでは観察期間の最終時点 $t=36$ の生存率の 95% 信頼区間上限が 0.25（生存時間の第 3 四分位点）よりも大きいので，生存時間の 75 パーセント点（第 3 四分位点）の信頼区間上限は求められていない．このような場合でも 75 パーセント点（第 3 四分位点）の信頼区間上限は観察期間の最終時点となる 36 ヶ月よりも大きいことはわかる．

なお，式 (1.17) の定義では，表 1.10 の「パーセント」は上から順にそれぞれ 25, 50, 75 で置換され，左から 2 列目以降は同一の数値のままとなる．

$\hat{t}_q$ の正規性を仮定できれば次の式でも区間推定が可能である．

$$\hat{t}_q \pm \phi_{1-\alpha/2}\widehat{SE}(\hat{t}_q)$$

ここに，$\widehat{SE}(\hat{t}_q) = [Var\{\hat{S}(\hat{t}_q)\}]^{1/2}/\{\hat{f}(\hat{t}_q)\}$ である．$\hat{f}(\hat{t}_q)$ は $\hat{t}_q$ 付近の $\hat{S}(t)$ の傾きにより推定する．詳細は Hosmer and Lemeshow(1999) を参照してほしい．

1.3 生存関数推定の例題

1.3.1 右側打切りデータがない場合

まず，生存時間データの特別な場合として，被験者全員のイベント発現までの時間が観測され右側打切りデータがない例を見てみよう．

> **例題 1.2**

被験者数を 20 名とし，表 1.11 に示すイベント発現までの時間（週）とイベント数（左から 3 列目）のデータを用いて，KM 法により生存率を推定し，時点ごとに生存率の両側 95% 信頼区間を計算した結果を同一の表に示す．

表 1.8 と同様にグリーンウッド式による信頼区間が 0〜1 の範囲におさまるような置換を上限と下限に対して行っている．このデータには観察打切りがなくタイもないので，イベントが発現するごとに生存率は $0.05 (= 1/20)$ ずつ減る．一般に，右側打切りデータが初めて起こるまでは，KM 法による生存率は，1 からイベント発現までの時間の経験分布関数の値を引いたものと同じになる．

右側打切りデータが初めて起こるまではグリーンウッド式による生存率の標準誤差は二項分布の成功確率を $\hat{S}(t)$ とした二項確率の標準誤差と等しい．このことは，被験者総数が 20 名で等しい表 1.8 と表 1.11 から確認できる．すなわち，表 1.8 のデータでは 5 ヶ月で右側打切りデータがあったが，それ以前の，イベントが最初に発現した時点 ($t = 2$) と第 2 番目に発現した時点 ($t = 3$) での生存率と標準誤差は，表 1.11 でイベントが最初に発現した時点 ($t = 0.92$) と第 2 番目に発現した時点 ($t = 1.5$) の生存率と標準誤差と同じであること，およびそれ以降の時点ではこれらはそれぞれ異なる値であることがわかる．ここで，表 1.8 と表 1.11 では時間の単位が月と週で全く別であるが，KM 法ではイベント発現までの時間と右側打切りデータの順序を利用して推定を行うので上述のような対応を付けて考えることができる．

表 1.11 右側打切りデータがない 1 群 20 名の生存率と信頼区間

時間(週)	リスク集合の大きさ	イベント数	打切り数	生存率	生存率の標準誤差	95%信頼区間 下限	95%信頼区間 上限	95%信頼区間(GW) 下限	95%信頼区間(GW) 上限	95%信頼区間(二重対数) 下限	95%信頼区間(二重対数) 上限
0	20	0	0	1	0	1	1	1	1	1	1
0.92	20	1	0	0.95	0.049	0.854	1	1	1	0.695	0.993
1.50	19	1	0	0.90	0.067	0.769	1	1	1	0.656	0.974
2.21	18	1	0	0.85	0.080	0.694	1	1	1	0.604	0.949
2.58	17	1	0	0.80	0.089	0.625	0.975	1	1	0.551	0.920
2.73	16	1	0	0.75	0.097	0.560	0.940	1	1	0.500	0.887
4.34	15	1	0	0.70	0.103	0.499	0.901	1	1	0.451	0.853
5.25	14	2	0	0.60	0.110	0.385	0.815	1	1	0.357	0.776
6.18	12	1	0	0.55	0.111	0.332	0.768	1	1	0.313	0.735
7.34	11	1	0	0.50	0.112	0.281	0.719	1	1	0.271	0.692
9.24	10	1	0	0.45	0.111	0.232	0.668	1	1	0.231	0.647
9.26	9	1	0	0.40	0.110	0.185	0.615	1	1	0.193	0.600
12.21	8	1	0	0.35	0.107	0.141	0.559	1	1	0.157	0.552
13.02	7	1	0	0.30	0.103	0.099	0.501	1	1	0.123	0.501
14.10	6	1	0	0.25	0.097	0.060	0.440	1	1	0.091	0.449
14.40	5	1	0	0.20	0.089	0.025	0.375	1	1	0.062	0.393
14.69	4	1	0	0.15	0.080	0	0.306	1	1	0.037	0.335
15.77	3	1	0	0.10	0.067	0	0.231	1	1	0.017	0.272
16.82	2	1	0	0.05	0.049	0	0.146	1	1	0.003	0.205
36.96	1	1	0	0	0	0	0	1	1	—	—

(a) グリーンウッド式を用いた場合

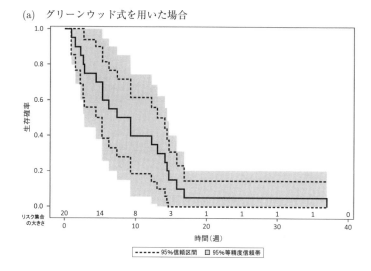

(b) 二重対数変換を用いた場合

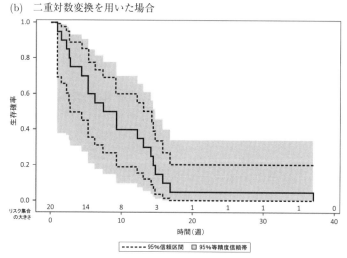

図 1.11 例題 1.2（右側打切りがないデータ）の生存率の時点ごとの信頼区間と信頼帯

　右側打切りデータがいろいろなタイミングで起こってくると，イベント発現までの時間の順序や生存率，グリーンウッド式による計算結果は，右側打切りデータがない場合のそれらとの間に単純な関係式が成立しなくなる．

表 1.12　右側打切りデータがない例題 1.2 の生存時間分布の四分位点の推定

パーセント	点推定（月）		95%信頼区間 (GW)		95%信頼区間（二重対数）	
	式 (1.16)	順位	下限（月）	上限（月）	下限（月）	上限（月）
75	14.10	14.25	9.24	15.77	9.24	16.82
50	7.34	8.29	4.34	14.10	2.73	14.10
25	2.73	3.53	2.21	7.34	0.92	6.18

表 1.11 の生存率および標準誤差は $\hat{S}(t) = 0.5$ となる $t = 7.34$ で上下の行がほぼ対称である．また，$t = 5.25$ でイベント数が 2 となって $\hat{S}(5.25) = 0.6$ となり，$\hat{S}(t) = 0.65$ の行が存在しない．そのため $\hat{S}(t) = 0.35$ と対応する行がない．時点ごとの標準誤差はその時点の生存率の影響を受けるが，右側打切りデータがない場合はリスク集合の大きさの影響を受けないことがこの数値例からも確認できる．最終の観察時点付近であっても標準誤差が大きくなるというわけではないことは明らかであろう．図 1.11 に，それぞれ時点ごとのグリーンウッド式を用いた信頼区間と等精度信頼帯 (a)，および，二重対数変換を用いた信頼区間と等精度信頼帯 (b) を示す．表 1.11 のデータについて，生存時間分布の四分位点の推定結果を表 1.12 に示す．例題 1.2 には右側打切りデータは含まれていないが，四分位の点推定値は式 (1.16) によるものと順位によるものとの間で若干の違いが見られる．

例題 1.2 のデータでは最長の観察時間がイベント発現までの時間であるので，それ以降の時点では生存率が 0 と推定されている．

1.3.2　右側打切りデータが多い場合

次に，右側打切りデータがかなり多い例を見てみる．

例題 1.3

表 1.13 に示す被験者数 30 名の仮想のデータを用いて，表 1.11 と同様の推定を行った結果を同一の表に示す．

表 1.13 右側打ち切りデータが多い 1 群 30 名の生存率と信頼区間

時間(週)	リスク集合の大きさ	イベント数	打切り数	生存率	生存率の標準誤差	95%信頼区間 (GW) 下限	上限	95%信頼区間 下限	上限	95%信頼区間 (二重対数) 下限	上限
0	30	0	0	1	0	1	1	1	1	1	1
8.2	30	1	0	0.967	0.033	0.902	1	0.786	1	0.786	0.995
9.0	29	1	0	0.933	0.046	0.844	1	0.759	1	0.759	0.983
9.5	28	1	0	0.900	0.055	0.793	1	0.721	1	0.721	0.967
10.1	27	0	1	0.900	0.055	0.793	1	0.721	1	0.721	0.967
10.8	26	0	1	0.900	0.055	0.793	1	0.721	1	0.721	0.967
11.0	25	0	1	0.900	0.055	0.793	1	0.721	1	0.721	0.967
12.0	24	0	1	0.900	0.055	0.793	1	0.721	1	0.721	0.967
12.2	23	0	1	0.900	0.055	0.793	1	0.721	1	0.721	0.967
13.0	22	0	1	0.900	0.055	0.793	1	0.721	1	0.721	0.967
13.3	21	0	1	0.900	0.055	0.793	1	0.721	1	0.721	0.967
14.0	20	0	4	0.900	0.055	0.793	1	0.721	1	0.721	0.967
14.1	16	0	1	0.900	0.055	0.793	1	0.721	1	0.721	0.967
14.5	15	0	1	0.900	0.055	0.793	1	0.721	1	0.721	0.967
18.0	14	1	0	0.836	0.080	0.679	0.993	0.600	1	0.600	0.939
19.4	13	1	0	0.771	0.096	0.583	0.960	0.513	1	0.513	0.904
20.0	12	1	0	0.707	0.108	0.496	0.918	0.440	1	0.440	0.864
21.0	11	1	0	0.643	0.116	0.417	0.869	0.375	0.819	0.375	0.819
31.0	10	1	0	0.579	0.121	0.342	0.815	0.315	0.771	0.315	0.771
39.0	9	0	1	0.579	0.121	0.342	0.815	0.315	0.771	0.315	0.771
42.0	8	1	0	0.506	0.125	0.261	0.752	0.250	0.716	0.250	0.716
48.0	7	1	0	0.434	0.127	0.186	0.682	0.191	0.656	0.191	0.656
60.0	6	0	6	0.434	0.127	0.186	0.682	0.191	0.656	0.191	0.656

表 1.8 と同様に，グリーンウッド式による信頼区間が 0～1 の範囲におさまるような置換を，信頼区間の上限に対して，時間が 8.2～14.5 週で行っている．このデータは 10.1 週で初めて右側打切りデータが起こっているので，それ以前にイベントが発現した時点（8.2, 9.0, 9.5 週）ではイベントが発現するごとに生存率は $0.0333 (= 1/30)$ ずつ減少している．10.1～13.3 週の間に 7 名に右側打切りデータが少しずつずれて起こり，14.0 週では 4 名にタイの右側打切りデータが起こり 14.1 週，14.5 週で各 1 名に右側打切りデータが起こっている．次に，18.0 週にイベントが発現し，その後 31.0 週までの間には右側打切りデータがなく，1 名のイベントが発現するごとに 0.0643 ずつ減少している．39.0 週で 1 名に右側打切りデータが起こり，その後にイベントが発現した 42.0 週，48.0 週では 1 名のイベントが発現するごとに 0.0723 ずつ減少している．

一般に，ある右側打切りデータが起こったあとにイベントが 1 名に発現すれば，KM 法による生存率の減少幅はその右側打切りデータが起こる前の 1 名のイベント発現の減少幅よりも大きくなる．表 1.13 のデータでは最終の観察時点の生存率が 0.5 に近いので，42.0～60.0 週の標準誤差は他の時点よりも相対的に大きい．

図 1.12 に，表 1.13 の時点ごとの信頼区間と等精度信頼帯を示す．

生存時間中央値（50 パーセント点）は 48 週で，その 95% 信頼区間の下限は 20.0 週，上限は正確には定まらないが，最終観察時点（60.0 週）より長いことはわかる．この図を利用して生存時間分布の他の四分位点の推定を行ってほしい．

1.4 カプラン・マイヤー法の右側再分配の特性

式 (1.8), (1.9) からは明示的にはわからないが，KM 法は発現確率を右側再分配する特性 (re-distributed to the right property) を持つことが知られている．1 名のイベント発現の生存率減少への寄与は，研究に参加している被験者全員について平等でその大きさは等しいと考えることができる．また，全員が生存していれば生存率推定値は 1 であり，全員が死亡

(a) グリーンウッド式を用いた場合

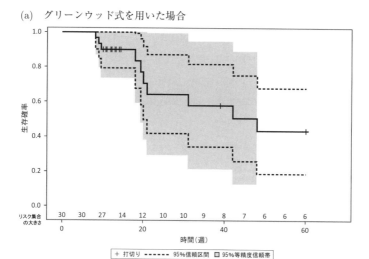

(b) 二重対数変換を用いた場合

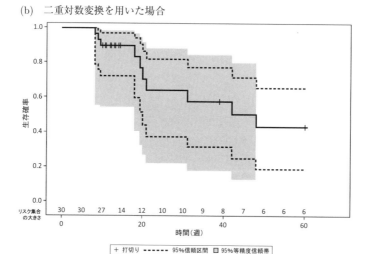

図 1.12 例題 1.3（右側打切りが多いデータ）の生存率と時点ごとの信頼区間

すれば生存率推定値は 0 であると考えることは自然であろう．

たとえば，被験者数を N 名とすれば，1 名の被験者にイベントが発現すれば，その発現時点で生存率推定値は $1/N$ だけ減少する．ここで，ある 1 名の被験者が $t = t_c$ で観察打切りになったとする．$t = t_c$ ではイベ

ントは発現していないので生存率推定値は減少しない．この時点までに m 名 $(0 \leq m \leq N-2)$ がイベントを発現し，観察を継続している被験者数は $(N-m)$ 名であると仮定する．すなわち，リスク集合の大きさは $N-m$ である．KM 法では，打切りはイベントの発現しやすさについては情報を持たないことを仮定しているので，$t=t_c$ で観察打切りになった被験者と t_c 以降も観察を継続している被験者の将来のイベントの発現しやすさは同じであると仮定できる．そこで，観察打切りになった被験者の生存率減少への寄与分である $1/N$ を，その時点以降も観察を継続している $(N-m-1)$ 名へ預ける．この $(N-m-1)$ 名のイベントの発現状況は，研究対象集団全体のイベント発現状況を表すと解釈できるので，預けた $1/N$ を，t_c 以降に観察を継続している $(N-m-1)$ 名に等しく分配する．したがって，t_c 以降では 1 名の被験者でイベントが発現すれば，その被験者がもとから持っていた生存率推定値への寄与分 $(1/N)$ に，観察打切りになった 1 名の被験者から分配された $\frac{1}{N} \cdot \frac{1}{N-m-1}$ が加わって，生存率推定値は $\frac{1}{N}\left(1+\frac{1}{N-m-1}\right)$ だけ減少する．もし t_c 以降にある別の 1 名の被験者が観察打切りになれば，上述の考え方に従って，この被験者の生存率推定値への寄与分 $\frac{1}{N}\left(1+\frac{1}{N-m-1}\right)$ を，その時点以降も観察を継続している被験者（たち）に等分して再分配する．

1.4.1 右側再分配の数値例

例題 1.1 の数値を用いて右側再分配の特性を見てみよう．表 1.14 に右側再分配の計算過程を示す．

例題 1.1 では総被験者数は 20 名 $(N=20)$ である．1 名でイベントが発現するとき，生存率減少への寄与は研究に参加している被験者全員について平等で，その大きさは等しいと考えるので，1 名の被験者でイベントが発現すればその発現時点で生存率推定値は 1/20 だけ減少する．表 1.14 に示すように，時間が 2, 3 ヶ月ではそれぞれ 1 名がイベントを発現し，1/20 ずつ減少する．次に，時間が 5 ヶ月で，ある被験者 1 名が観察打切り（右側打切り）になっている．右側打切りの時点では生存率は減少しないので，5 ヶ月の生存率は 3 ヶ月の生存率のままである．この時

表 1.14 KM 法の右側再分配の特性（打切り数は少数）

時間 (月)	イベント／打切り の区別		KM 法による生存関数推定値の減少への寄与
2	イベント	$1/20$ •	
3	イベント	$1/20$ •	
5	打切り	0	この被験者の寄与 $1/20$ を，残りの 17 名に等しく分配．
7	イベント（2 名）	$\{1/20+(1/20) \cdot 1/17\} \times 2$ ●	
8	打切り	0	この被験者の寄与 $1/20+(1/20) \cdot 1/17$ を，残りの 14 名に等しく分配．これ以降の 1 名分の寄与は $\{1/20+(1/20) \cdot 1/17\} \cdot 1/14$ だけ増加する．
9	イベント	$\{1/20+(1/20) \cdot 1/17\}+\{1/20+(1/20) \cdot 1/17\} \cdot 1/14$ ●	
10	イベント	$\{1/20+(1/20) \cdot 1/17\}+\{1/20+(1/20) \cdot 1/17\} \cdot 1/14$ ●	
14	打切り	0	この被験者の寄与 $\{1/20+(1/20) \cdot 1/17\}+\{1/20+(1/20) \cdot 1/17\} \cdot 1/14$ を，残りの 11 名に等しく分配．
以降	省略		これ以降の 1 名分の寄与は $[\{1/20+(1/20) \cdot 1/17\}+\{1/20+(1/20) \cdot 1/17\} \cdot 1/14] \cdot 1/11$ だけ増加する．

●の大きさは KM 生存率曲線の段幅の大小関係を表す

点までに 2 名がイベントを発現し，観察を継続している被験者数は 18 名である（リスク集合の大きさは 18）．打切りはイベントの発現しやすさについては情報を持たないことを仮定し，右側打切りになった被験者の生存率減少への寄与分である $1/20$ を，5 ヶ月以降も観察を継続している 17 名へ預け，預けた $1/20$ をこの 17 名に等しく分配する．したがって，5 ヶ月以降，次に誰かが右側打切りになるまでの間は，1 名の被験者でイベントが発現すれば，その被験者がもとから持っていた生存率推定値への寄与分 $1/20$ に分配された $\frac{1}{20} \cdot \frac{1}{17}$ が加わって，生存率推定値は $\frac{1}{20} + \frac{1}{20} \cdot \frac{1}{17} = \frac{1}{20}\left(1 + \frac{1}{17}\right)$ だけ減少する．7 ヶ月で被験者 2 名がイベントを発現しているので，この時点では生存率減少は 2 名分の寄与を受け，$\left(\frac{1}{20} + \frac{1}{20} \cdot \frac{1}{17}\right) \times 2 = \frac{1}{20}\left(1 + \frac{1}{17}\right) \times 2$ となる．

次に，8 ヶ月である被験者が右側打切りになっている．この時点では生存率は減少しない．その代わりに，この被験者の生存率推定値への寄与分

$\frac{1}{20}\left(1+\frac{1}{17}\right)$ を,その時点以降も観察を継続している被験者 14 名に等分配する.

9, 10 ヶ月では,それぞれ 1 名がイベントを発現している.生存率推定値の減少への 1 名の寄与は,8 ヶ月時に打切りとなった被験者の寄与分の右側再分配を受けたことにより,5 < 時間 < 8 までの 1 名分の寄与からさらに大きくなり,$\left(\frac{1}{20}+\frac{1}{20}\cdot\frac{1}{17}\right)+\left(\frac{1}{20}+\frac{1}{20}\cdot\frac{1}{17}\right)\times\frac{1}{14}=\frac{1}{20}\{1+\frac{1}{17}+\frac{1}{14}\left(1+\frac{1}{17}\right)\}$ となる.KM 法による生存率曲線の 1 段の減少幅は時間が経過すると大きくなるように見えるのは,その時点までに右側打切りデータがだんだん増えていることによる.リスク集合が小さくなるせいではない.このことは,右側打切りデータが全く含まれていない例題 1.2 の KM 法による生存率(表 1.11)からもわかる.

次に,右側打切りデータ数がさらに多い例題 1.3 について,右側再分配の過程を見ることにする.表 1.15 に右側再分配の計算過程などを示す.

右側打切りが初めて観測される $t=10.1$(週)までは,イベントが発現するごとに,生存率は $0.0333(=1/30)$ ずつ減少している.

ここで,10.1 週で 1 名が最初に右側打切りになっている.生存率はここでは減少しない.この時点まで観察を継続している被験者数は 27 名(リスク集合の大きさは 27)である.右側打切りとなった被験者の生存率減少への寄与分である 1/30 を,その時点以降も観察を継続している 26 名に預け,それが 10.1 週後に観察を継続している 26 名に等分配される.次に,10.8 週で 1 名が右側打切りになっている.この被験者の減少への寄与は,10.8 週の直前では $\frac{1}{30}+\frac{1}{30}\cdot\frac{1}{26}=\frac{1}{30}\left(1+\frac{1}{26}\right)=\frac{1}{30}\cdot\frac{27}{26}$ になっていた.これが,10.8 週後に観察を継続している 25 名にさらに等分配される.10.8 週では生存率は減少しない.次に,11.0 週で 1 名が右側打切りになっている.この被験者の減少への寄与は,11.0 週の直前では $\frac{1}{30}\left(1+\frac{1}{26}\right)+\frac{1}{30}\left(1+\frac{1}{26}\right)\times\frac{1}{25}=\frac{1}{30}\left(1+\frac{1}{26}\right)\left(1+\frac{1}{25}\right)=\frac{1}{30}\cdot\frac{27}{26}\cdot\frac{26}{25}=\frac{1}{30}\cdot\frac{27}{25}$ になっていたので,これが 11.0 週後に観察を継続している 24 名に等分配される.

上記のように,右側打切りが連続して観測され,その間にイベントが発現していない場合の右側再分配は,次のような解釈と計算も可能であ

表 1.15 KM 法の右側再分配の特性（打切り数は多数）

時間 （週）	イベント／打切り の区別	KM 法による生存関数の減少への寄与	
8.2	イベント	1/30	●
9.0	イベント	1/30	●
9.5	イベント	1/30	●
10.1	打切り	0	この被験者の寄与 1/30 を，残りの 26 名に等しく分配．
10.8	打切り	0	この被験者の寄与 $1/30 + 1/30 \cdot (1/26)$ を，残りの 25 名に等しく分配．
11.0	打切り	0	この被験者の寄与 $1/30(1 + 1/26) + 1/30(1 + 1/26) \cdot 1/25$ を，残りの 24 名に等しく分配．
⋮ 途中省略 ∗ ⋮			
18.0	イベント	$(1/30) \cdot (1 + 13/14)$	●
19.4	イベント	$(1/30) \cdot (1 + 13/14)$	●
20.0	イベント	$(1/30) \cdot (1 + 13/14)$	●
21.0	イベント	$(1/30) \cdot (1 + 13/14)$	●
31.0	イベント	$(1/30) \cdot (1 + 13/14)$	●
39.0	打切り	0	この被験者の寄与 $(1/30) \cdot (1 + 13/14)$ を，残りの 8 名に等しく分配．
42.0	イベント	$(1/30)(1 + 13/14) + (1/30)(1 + 13/14) \cdot 1/8$	●
48.0	イベント	$(1/30)(1 + 13/14) + (1/30)(1 + 13/14) \cdot 1/8$	●
60.0	打切り（6 名）	0	この被験者の寄与 $\{(1/30)(1 + 13/14) + (1/30)(1 + 13/14) \cdot 1/8\} \times 6$ は，残りの被験者がいないので再分配されない．

●の大きさは KM 生存率曲線の段幅の大小関係を表す

る．10.1 週，10.8 週ではイベントは発現していないので生存率は減少しない．その代わりに，この 2 名分の生存率への寄与をまとめた 2/30 が 10.8 週以降に観察を継続している被験者 25 名に等分配される．したがって，11.0 週の直前では，これら 25 名の各 1 名分の生存率の寄与は，もとから持っていた $\frac{1}{30}$ に分配された $\frac{2}{30} \cdot \frac{1}{25}$ が加わり $\frac{1}{30}\left(1 + \frac{2}{25}\right) = \frac{1}{30} \cdot \frac{27}{25}$ となる．

この考え方によって，右側打切りが連続して観測された直後のイベント

の発現による生存率の減少を説明する．10.1～14.5 週の間には右側打切りが連続して観測されているので生存率は減少しない．18.0 週で 1 名にイベントが発現している．18.0 週直前まで観察を継続している被験者は 14 名である．これら 14 名の各 1 名分の生存率の寄与は，もとから持っていた $\frac{1}{30}$ に，10.1～14.5 週の間に連続して右側打切りになった 13 名分の寄与 $\frac{1}{30} \cdot 13 = \frac{13}{30}$ をまとめて再分配されたもの，すなわち $\frac{13}{30} \cdot \frac{1}{14}$ が加わって，$\frac{1}{30}\left(1 + \frac{13}{14}\right) = \frac{1}{30} \cdot \frac{27}{14} = 0.0643$ となる．

18.0～31.0 週の間では右側打切りデータがなく，各時点で 1 名にイベントが発現している．それらの時点での 1 名の生存率の減少への寄与は 0.0643 で同じ大きさであり，リスク集合の大きさには依存していない．

39.0 週で 1 名が右側打切りになっている．この被験者の生存率減少への寄与 $\frac{1}{30} \cdot \frac{27}{14}$ が，39.0 週以降も観察を継続している被験者 8 名に等分配される．したがって，42.0 週の直前ではこれら 8 名の各 1 名分の生存率への寄与は，39.0 週直前から持っていた $\frac{1}{30} \cdot \frac{27}{14}$ に分配された $\left(\frac{1}{30} \cdot \frac{27}{14}\right) \times \frac{1}{8}$ が加わり，$\frac{1}{30} \cdot \frac{27}{14}\left(1 + \frac{1}{8}\right) = \frac{1}{30} \cdot \frac{27}{14} \cdot \frac{9}{8} = 0.0723$ となる．

60.0 週では 6 名の被験者が右側打切りになり，それ以降観察を継続している被験者はいない．そのため，これら 6 名の生存率への寄与分はもはや再分配を受けることはない．右側再分配の特性を利用した KM 法の別の表現を 4.7 節に示しているので，興味のある読者はそちらも参照してほしい．

1.4.2　生存時間と生存率のパラドクス

生存率の推定方法として多大なる信頼を得，広く用いられてきた KM 法であるが，この KM 法は，右側打切りデータがあるとき，生存時間が長い人たちの群の生存率が生存時間の短い人たちの群よりも低い生存率を示すことがありうるという直感に反するような挙動をする．Cantor and Shuster(1992) は，研究対象集団のうちある 1 名の被験者の生存時間のみ，もし 2 年から 12 年に延長していたとすれば，集団としての KM 法による生存率曲線がこの延長前後の時間でどのように変わるのか．そして，最終観察時点の生存率は，この被験者の生存時間をもとのままの 2

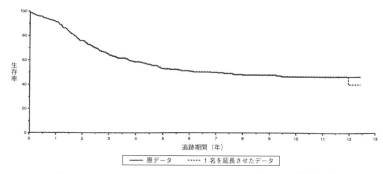

図 1.13 Cantor and Shuster(1992) の 2 通りの生存率曲線

年としたときの集団よりも 12 年に延長させたときの集団で低下することを示している．図 1.13 に Cantor and Shuster(1992) の図を引用する．

Cantor and Shuster(1992) のデータでは，1976〜1981 年に治療を受けた 418 名の白血病患者のフォローアップ調査研究の終了までに 212 名が死亡し，すべての死亡は調査開始から 9.5 年までに発現している．もとのデータの生存率（実線）は 9.5〜12.5 年の間で約 45% である．12 年生存率のグリーンウッド式による標準誤差は 2.6% と報告されている (Cantor and Shuster, 1992, p934).

1 名の生存時間が延長した集団の KM 生存率曲線（破線）は，その被験者のもとのイベント発現時点である 2 年から延長した 12 年までは，もとの KM 生存率曲線より若干の高い生存率を示しているが，延長したイベント発現時点 12 年で大きく低下し，生存率は約 39% となり，これ以降，延長後の集団の生存率はもとの生存率よりも低い値で推移していることがわかる．このような，個人としては生存時間が延長するのに集団としての生存率は低下するという現象は，右側打切りデータが観察期間の途中で起こる場合にはよく見られる．たとえば，例題 1.1 の被験者 3 の生存時間 9 ヶ月が 25 ヶ月であった（延長していた）とすると，KM 法により推定した最長の観察時間 36 ヶ月での生存率は 14% であり，延長させる前の 15% より低い．実際，25 ヶ月以降は，被験者 3 の生存時間を延長させたときの生存率の方が延長させる前のデータの生存率よりも低い．

1.4 カプラン・マイヤー法の右側再分配の特性

表 1.16 各群 30 名の独立な 2 群の生存時間

群内での順位 [1]	A 群生存時間（週）	大小関係	B 群生存時間（週）
1	3.0	<	8.2
2	5.4	<	9.0
3	6.0	<	9.5
4	7.5	<	18.0
5	9.0	<	19.4
6	9.2	<	20.0
7	9.5	<	21.0
8	28.0	<	31.0
9	33.0	<	42.0
10	48.0	=	48.0
1	10.0+	<	10.1+
2	10.1+	<	10.8+
3	10.3+	<	11.0+
4	10.5+	<	12.0+
5	10.8+	<	12.2+
6	11.3+	<	13.0+
7	11.5+	<	13.3+
8	11.9+	<	14.0+
9	12.2+	<	14.0+
10	12.5+	<	14.0+
11	13.1+	<	14.0+
12	13.1+	<	14.1+
13	14.4+	<	14.5+
14	38.0+	<	39.0+
15	60.0+	=	60.0+
16	60.0+	=	60.0+
17	60.0+	=	60.0+
18	60.0+	=	60.0+
19	60.0+	=	60.0+
20	60.0+	=	60.0+

[1] 上方の 1~10 位はイベントが発現した時間での順位．下方の 1~20 位は打切り時間での順位

例題 1.4

表 1.16 に被験者数が等しい 2 群の生存時間（仮想）を示す．両群間でイベント数と打切り数はそれぞれ等しい．各群内で，イベントが発現した

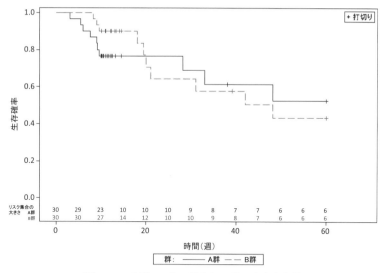

図 1.14 各群 30 名の独立な 2 群の生存率曲線

時間について昇順に並べ，次に，打切りまでの時間について昇順に並べている．それぞれの群ごとにイベント発現時間としての順位，および打切り時間としての順位を付けている．なお，B 群は例題 1.3（表 1.13）のデータと同一である．各群で，群内での順位が同じである生存時間（同一の行となっている時間）を対応付けして，大小関係を示している．

このように順序付けをして A 群と B 群の生存時間を対応付けたとき，すべてのペア（行）において B 群の生存時間は A 群のそれよりも長いか，または等しい．KM 法による生存率曲線を図 1.14 に示した．

直感的には B 群の生存率がすべての時間で A 群のそれよりも大きくなることが予想されるが，18 週以降は A 群の生存率 (S_A) は常に B 群の生存率 (S_B) よりも高い．A 群の生存時間データの時点ごとの 95% 信頼区間を表 1.17 に示す．B 群のデータは例題 1.3 と同一であるので，時点ごとの 95% 信頼区間は表 1.13 を見てほしい．

18 週以降の両群の 95% 信頼区間は，グリーンウッド式による方法と二

1.4 カプラン・マイヤー法の右側再分配の特性

表 1.17 例題 1.4（表 1.16）の A 群の生存率と信頼区間 *

時間 （週）	リスク集合 の大きさ	イベント数	打切り数	生存率	生存率の 標準誤差	95%信頼区間 (GW) 下限	95%信頼区間 (GW) 上限
0	30	0	0	1	0	1	1
3.0	30	1	0	0.967	0.033	0.902	1
5.4	29	1	0	0.933	0.046	0.844	1
6.0	28	1	0	0.900	0.055	0.793	1
7.5	27	1	0	0.867	0.062	0.745	0.988
9.0	26	1	0	0.833	0.068	0.700	0.967
9.2	25	1	0	0.800	0.073	0.657	0.943
9.5	24	1	0	0.767	0.077	0.615	0.918
10.0	23	0	1	0.767	0.077	0.615	0.918
10.1	22	0	1	0.767	0.077	0.615	0.918
10.3	21	0	1	0.767	0.077	0.615	0.918
10.5	20	0	1	0.767	0.077	0.615	0.918
10.8	19	0	1	0.767	0.077	0.615	0.918
11.3	18	0	1	0.767	0.077	0.615	0.918
11.5	17	0	1	0.767	0.077	0.615	0.918
11.9	16	0	1	0.767	0.077	0.615	0.918
12.2	15	0	1	0.767	0.077	0.615	0.918
12.5	14	0	1	0.767	0.077	0.615	0.918
13.1	13	0	2	0.767	0.077	0.615	0.918
14.4	11	0	1	0.767	0.077	0.615	0.918
28.0	10	1	0	0.690	0.101	0.493	0.887
33.0	9	1	0	0.613	0.115	0.388	0.839
38.0	8	0	1	0.613	0.115	0.388	0.839
48.0	7	1	0	0.526	0.128	0.276	0.776
60.0	6	0	6	0.526	0.128	0.276	0.776

* B 群の表は表 1.13 と同一である.

重対数変換による方法[9]のいずれの場合もかなりの重なりが見られる．18週以降はいずれの群でも生存率が 0.5 に近くなり標準誤差も大きくなっている．

例題 1.5

表 1.16 のデータの数を少し減らして，表 1.18 のようなデータを得たと仮定する．表 1.16 と同様な順序付けと対応付けをすると，すべてのペアにおいて B 群の生存時間は A 群よりも長いか，または等しい．

---

[9] 表 1.17 では二重対数変換時の信頼区間表示は割愛した．

表 1.18 各群 18 名の独立な 2 群の生存時間

群内での順位 *	A 群生存時間（週）	大小関係	B 群生存時間（週）
1	5.4	<	9.0
2	6.0	<	9.5
3	7.5	<	18.0
4	9.0	<	19.4
5	9.2	<	20.0
6	9.5	<	21.0
7	28.0	<	31.0
8	33.0	<	42.0
9	48.0	=	48.0
1	10.5+	<	12.2+
2	12.2+	<	14.0+
3	38.0+	<	39.0+
4	60.0+	=	60.0+
5	60.0+	=	60.0+
6	60.0+	=	60.0+
7	60.0+	=	60.0+
8	60.0+	=	60.0+
9	60.0+	=	60.0+

* 上方の 1～9 位はイベントが発現した時間での順位，下方の 1～9 位は打切り時間での順位

KM 法による 2 群の生存率曲線を図 1.15 に示す．群ごとに，生存時間データの時点ごとの 95% 信頼区間を表 1.19 に示す．

B 群の生存率は 21～28 週で A 群の生存率より低くなり，そのあと両群の生存率曲線は交差を繰り返し，42 週以降では A 群の生存率の方が B 群よりも常に高い．直感的には，例題 1.5 においても B 群の生存率の方が A 群の生存率よりも常に高いと予想される．このような直感に反するような挙動はいつも起きるというわけではなく，また，右側打切りデータが含まれていない場合には起こらない．このような，直感に反するような挙動は，①各群内で打切りおよび非打切りの生存時間を込みにして昇順に並べ，表 1.16 のように A 群と B 群の生存時間を対応付けたときに，A 群の右側打切りデータの A 群内全体での順位が B 群での対応する右側打切りデータの B 群内全体での順位よりすべてのペアについて小さくはな

1.4 カプラン・マイヤー法の右側再分配の特性   71

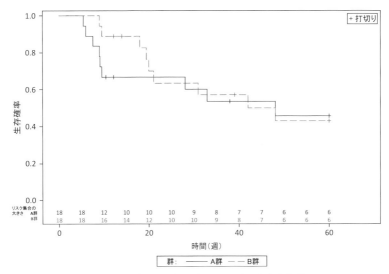

図 1.15　各群 18 名の独立な 2 群の生存率曲線

らず（等しい，または，大きい），かつ，大きいペアが 1 つ以上存在し，②ある時点までに観測された生存時間（打切りと非打切りの両方）の数が両群で等しくなった場合に起こること（このほかの場合でも直感に反するような挙動が起こることを Nishikawa and Tango(2003a) は示しているが，話が複雑になるので省略する）を証明した．

①，②を例題 1.4 を用いて解説する．右側打切りデータの数はいずれの群においても 20 である．A 群および B 群の右側打切りデータ内での i 番目の生存時間のその群の生存時間全部での順位 $R_A(i)$ と $R_B(i)$ には，

$$R_A(i) = \begin{cases} R_B(i)+4, & 1 \leq i \leq 13 \\ R_B(i)+1, & i = 14 \\ R_B(i), & 15 \leq i \leq 20 \end{cases}$$

が成立している．A 群の右側打切りデータ内での i 番目 $(1 \leq i \leq 20)$ の生存時間の $R_A(i)$ のいずれも，対応する B 群の $R_B(i)$ より小さくならず，14 個のペアでは $R_A(i)$ が $R_B(i)$ よりも大きいことがわかる．21 週で，観測された生存時間の数がいずれの群でも 20 例となり等しくなって

表 1.19 例題 1.5 のデータの生存率と信頼区間

(a) A 群

時間 (週)	リスク集合 の大きさ	イベント数	打切り数	生存率	生存率の 標準誤差	95%信頼区間 (GW)	
						下限	上限
0	18	0	0	1	0	1	1
5.4	18	1	0	0.944	0.054	0.839	1
6.0	17	1	0	0.889	0.074	0.744	1
7.5	16	1	0	0.833	0.088	0.661	1
9.0	15	1	0	0.778	0.098	0.586	0.970
9.2	14	1	0	0.722	0.106	0.515	0.929
9.5	13	1	0	0.667	0.111	0.449	0.884
10.5	12	0	1	0.667	0.111	0.449	0.884
12.2	11	0	1	0.667	0.111	0.449	0.884
28.0	10	1	0	0.600	0.118	0.368	0.832
33.0	9	1	0	0.533	0.123	0.293	0.773
38.0	8	0	1	0.533	0.123	0.293	0.773
48.0	7	1	0	0.457	0.127	0.209	0.705
60.0	6	0	6	0.457	0.127	0.209	0.705

(b) B 群

時間 (週)	リスク集合 の大きさ	イベント数	打切り数	生存率	生存率の 標準誤差	95%信頼区間 (GW)	
						下限	上限
0	18	0	0	1	0	1	1
9.0	18	1	0	0.944	0.054	0.839	1
9.5	17	1	0	0.889	0.074	0.744	1
12.2	16	0	1	0.889	0.074	0.744	1
14.0	15	0	1	0.889	0.074	0.744	1
18.0	14	1	0	0.825	0.092	0.645	1
19.4	13	1	0	0.762	0.105	0.557	0.967
20.0	12	1	0	0.698	0.114	0.476	0.921
21.0	11	1	0	0.635	0.120	0.400	0.869
31.0	10	1	0	0.571	0.123	0.330	0.813
39.0	9	0	1	0.571	0.123	0.330	0.813
42.0	8	1	0	0.500	0.127	0.251	0.749
48.0	7	1	0	0.429	0.127	0.179	0.678
60.0	6	0	6	0.429	0.127	0.179	0.678

いる．実際，21 週では（厳密には 21 週に至る前から）$S_A > S_B$ である．

観察が打ち切られている場合，その後のイベント発現時間は未知であるから，右側打切りデータの大小関係は必ずしもイベント発現までの時間の大小関係を意味するわけではないが，これらの例は，優秀な処理 B とそれほどでもない処理 A を比較した場合に，観測値の中に右側打切りデータがある場合には，優秀な処理の KM 法による生存率が，それほどでもない処理の生存率よりも低くなることがありうることを示唆している．生存率点推定のみを見るのは十分ではなく，右側打切りデータや信頼区間の検討も必要であるといえる．

1.5 カプラン・マイヤー法の適用例

いくつかの文献で KM 法による生存率曲線等を見てみよう．これらの例題は複数の治療法の比較や要因間の比較をテーマとしている．そのため治療間や要因間の一様性の検定結果も表示されているが，検定方法の解説は本書では扱わない．KM 法と密な関係があるハザードについて解説を行うにとどめる．検定方法については参考文献 [16-18, 20-24, 38, 40-42, 44, 45] などを参照してほしい．

イベントの定義が「死亡」であれば特定の日付と時刻により 1 点に定まるが，応用においては，本章の最初に述べたようにイベントの定義は様々でありイベントが発現した日付と時刻は明らかとは限らない．また，図 1.2 のような動物実験であればいつ動物が逃げていなくなったのか特定の日付により定まるが，研究対象によっては（特に人の場合），観察打切りの時点は自明ではない．KM 法を利用するには，イベント発現までの正確な時間または観察打切りまでの正確な時間が必要である．正確さの程度は評価したい時間の精度（単位）に依存する．たとえば，時間の単位を日 (day) で評価する場合，イベント発現までの時間を測る起点となる時点（日付）と，イベントの発現時点（日付）や観察打切りの時点（日付）が一意に定まるように，研究計画書において妥当と考えられるような定義をする．イベント発現までの時間の起点は，臨床試験や臨床研究では，一般

に，割り付け日，治療開始日，研究参加同意取得日などの定義が用いられる．

1.5.1 転移性メラノーマ患者の無増悪生存率および生存率

Flaherty et al.(2012) は，BRAF 遺伝子変異陽性の進行性または転移性メラノーマ患者に対し，当時の標準治療である化学療法を対照とし，新薬（MEK 阻害薬であるトラメチニブ (trametinib)）の優越性を検証する無作為化比較試験を行った．322 名の対象患者のうち新薬群に 214 名，対照群に 108 名がそれぞれ割り付けられた．主要評価項目は無増悪生存期間とした．先行研究により新薬の効果が大きいことが示唆されていたので，標準治療を受けている患者で増悪が認められていた場合は，新薬の投与を許可する研究計画としていた．図 1.16，図 1.17 に Flaherty et al.(2012) の KM 法による無増悪生存率曲線および生存率曲線を引用する．

図 1.16 においてはイベントを増悪または死亡のいずれか先に起きた事象，また，図 1.17 においてはイベントを死亡と定義している．イベントが観測されない場合は，イベントが発現していないことを確認した日のうち最も新しい日付をもって右側打切りデータとして取り扱っている．増悪する前に死亡した被験者では無増悪生存期間と生存期間は一致する．

増悪が死亡よりも先に起きた被験者では無増悪期間が生存期間よりも短い．新薬群の無増悪生存期間の中央値は 4.8 ヶ月であるが，生存期間の中央値は 8.3 ヶ月を超えていることしかわからない．増悪後も研究計画に沿って生存期間の観察を継続するが，試験期間が終了したり追跡ができなかったり（追跡不能）すれば，生存期間は右側打切りデータ（図中の縦線は打切りの時点）として取り扱われている．そのため，無増悪生存率の KM 推定曲線よりも生存率のそれに縦線が多く見られる．右側打切りの時点（縦線）は，生存期間ではイベントが発現していないことを確認した最終日，すなわち，最終（最新）生存確認日であり特定の月に集中しているわけではない．

一方，無増悪生存率の縦線（右側打切りデータ）は，3 ヶ月，5 ヶ月，7 ヶ月付近に集中している．増悪がないことを確認するには検査が必要

1.5 カプラン・マイヤー法の適用例

(a) 無増悪生存期間

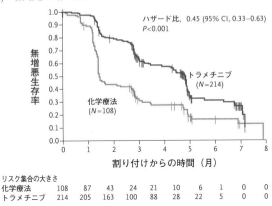

(b) 増悪または死亡

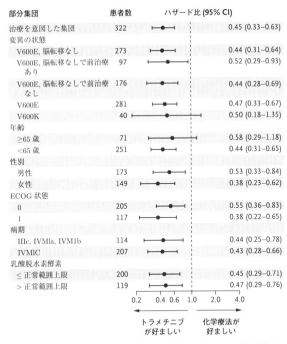

図 1.16 KM 法による無増悪生存率曲線および部分集団での増悪または死亡(Flaherty et al.(2012) から引用)

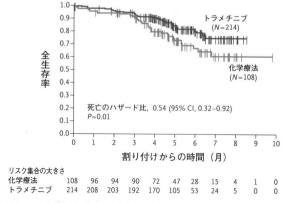

図 1.17 KM 法による生存率曲線（Flaherty et al.(2012) から引用）

で，一般に，検査はある一定の時間間隔をおいてなされる．そのため無増悪を確認した最終日（右側打切りデータと扱われる時点）は研究計画書で定めた検査時点付近に多く見られる．増悪の有無はわかりやすいが，増悪日をどのように定義するかについては問題があるので第 3 章でこの点について詳しく説明する．図 1.16(a) の初期の KM 推定曲線は図 1.14 や図 1.15 の初期の KM 推定曲線と形状が似ている．図 1.16(a) の 2 本の KM 推定曲線が約 7.2 ヶ月で交差しているのは，先に述べたような右側打切りデータの影響かもしれない．

先に述べたように，KM 法ではイベントが発現した時点でのハザードをもとにして時点ごとの条件付き生存率と累積生存率を推定している．そのため，2 つ以上の複数の集団の間で生存率の高低を比較する場合は，観察期間全体にわたる平均的なハザードの集団間の比を示すことも多い．比であるから相対的な評価であり，基準とする集団（対照群）を定める必要がある．新治療と対照治療の比較の場合は，一般に，対照群（標準治療を受けた被験者の集団）を，基準とする集団に設定する．死亡または増悪をイベントの定義としているのでイベントの発現は好ましくない．したがってハザードは小さい方が好ましいし，対照群よりもハザードの比は小さい方が新薬群にとって好ましい．

図 1.16(b) には，部分集団（サブグループ）ごとに新薬の対照治療に

対する観察期間全体にわたる平均的なハザードの比が示されている．平均的なハザード比の算出方法や検定方法の解説は本書のテーマから外れるので中村 (2001), Kalbfleisch and Prentice (2002), Lee and Wang (2003) などを参照してほしい．図 1.16(b) の 1 行目の「治療を意図した集団」は比較する治療法を割り付けた被験者全体から構成される集団である．観察期間全体にわたる平均的なハザード比は，0.45（95% 信頼区間 (CI)0.33-0.63）である（図 1.16(a) に同一の記載がある）．2 行目以降では，治療効果に影響する要因効果の水準によって部分集団を構成し，その要因効果の水準により治療効果（ハザード比）にどの程度の差異があるのか検討している．たとえば，年齢が 65 歳以上の部分集団（構成人数 71 名）では新薬の対照治療に対する平均的なハザード比は 0.58(95%CI 0.29-1.18) であり，65 歳未満（構成人数 251 名）のそれは，0.44(95%CI 0.31-0.65) である．点推定値で見れば高齢／非高齢ともに対照群よりも新薬群の効果が好ましいことを示唆している．もし部分集団ごとに図 1.16(a) のような生存率の KM 推定曲線を図示するとすれば観察期間のほぼ全体にわたって新薬群の KM 推定曲線が対照治療のそれよりも上にあるだろうと推測される．

1.5.2 乳癌患者の生存率および無病生存率

次の実例は乳癌の患者を対象とした臨床試験である．医学的な背景を簡単に説明する．乳癌の手術は治療の範囲が乳房とわき下周辺である．わき下周辺のリンパ節全部を取り除く腋窩リンパ節郭清（腋窩郭清）の主目的は，将来の癌の転移や再発を予防したり術後の治療方針を決めるためである．癌細胞が最初に転移する腋窩リンパ節はセンチネルリンパ節と呼ばれる．従来はセンチネルリンパ節転移があれば通常は再発予防の意味で腋窩郭清がなされてきたが，腋窩郭清による合併症や日常生活の不都合などの欠点も知られていた．

Giuliano et al.(2017) は，乳房温存療法を受けた乳癌患者に対する腋窩郭清の有用性について検討するために，乳房温存療法が可能で 2 個以内のセンチネルリンパ節転移があった乳癌患者に対して，乳房温存療法のあ

とに，センチネルリンパ節摘出のみで腋窩郭清を実施しない群（A 群：腋窩郭清なし群）と，センチネルリンパ節摘出と腋窩郭清を実施する群（B 群：腋窩郭清あり群）との間で無作為比較試験を行った．なお，この研究では術後に残存乳房への放射線照射と補助化学療法を行っている．

891 名の対象患者のうち，A 群に 446 名，B 群に 445 名がそれぞれ割り付けられ，主要評価項目は全生存率とした．割り付け後に起こったあらゆる原因による死亡をイベントと定義する．追跡期間の中央値は 9.3 年（四分位範囲 6.9〜10.3 年）であった．Giuliano らの KM 法による生存率曲線と無病生存率曲線を図 1.18 に引用する．無病生存期間の終点のイベントは死亡または乳癌の再発のいずれか先に起きた事象とした．「乳癌の再発」については新たに腫瘍が見つかった部位により詳しい定義を設けた．「再発」も検査をしないと有無がわからないので，再発日をどのように定義するか問題がある．増悪日と同様の問題になるので第 3 章を参照してほしい．

追跡不能になった被験者は最後の（イベントが発現していないことを確認した）検査日で観察打切りとして取り扱った．主治医が病院を退職したので病院側の被験者の追跡が熱心でなくなったゆえの追跡不能でありイベント発現との関連性はなかったと述べている．KM 法では観察打切りは無情報な打切りであることを仮定しているので，その仮定を満たしていることを記述したかったのであろう．右側打切り時点は図 1.18 には明示されていない．10 年時点のリスク集合の大きさは試験開始時の約 30% であるが，生存率や無病生存率は約 80% と高いので，多くの被験者が観察打切りと扱われていることが推測される．10 年無病生存率は A 群で 80.2%（95% 信頼区間は 75.6〜84.1%），B 群で 78.2%（73.5〜82.2%）であった．

1.5.3　小児慢性腎疾患の腎生存率

Schaefer et al.(2017) は，小児の慢性腎疾患 (CKD) 患者の腎機能低下のリスクを予測するために血清可溶性ウロキナーゼ受容体 (suPAR) 値を用いることが有用であるか検討した．糸球体濾過量 (eGFR) に基づいて

(a) 全生存率曲線

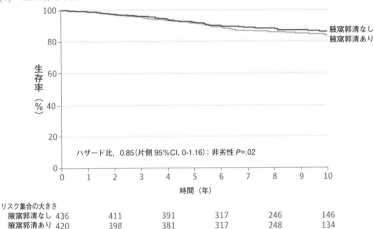

(b) 無病生存率曲線

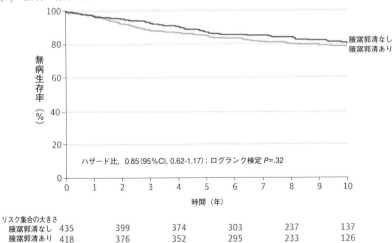

図 1.18 KM 法による全生存率曲線と無病生存率曲線（Giuliano et al.(2017) の図 2 より抜粋して引用）

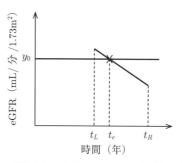

図 1.19 線形内挿による eGFR の 50% 低下時の算出

軽症から中等度と見なされる小児患者を対象として，ベースラインの suPAR 値と腎機能低下の関連性を解析した．成人では，suPAR レベルが CKD の発症および進行の予測能力が高い（関連性が大きい）ことが知られていたが，小児ではそれが不明であった．成人で見られる傾向が必ずしも小児で見られるとは限らない．Schaefer らは，欧州の小児を対象とする 2 件の前向きに収集された小児 CKD 患者の研究（無作為化比較試験と観察研究）データを用いて，追跡期間中の腎疾患の進行のデータが利用できて，suPAR を測定するための血清標本が保存されていた患者 898 名を対象として抽出した．

主要評価項目は腎生存期間とし，eGFR の 50% 低下が 1 ヶ月以上持続，腎代替療法の開始，eGFR が $10(\mathrm{mL}/\text{分}/1.73\,\mathrm{m}^2)$ 未満，のいずれか先に起きた事象をイベントと定義した．eGFR の 50% 低下が 2 つの検査時点 t_L, t_R の間にある場合は，線形内挿により 50% 低下時点 (t_e) を定めた（1 つの時点を代入した）．1.5.1 項の増悪や 1.5.2 項の再発は検査時に有無のみしかわからないが，eGFR の場合は検査をして閾値を超えているか否か（有無）のほかにどの程度超えているのか定量的な数値もわかる．eGFR の低下速度が 2 つの検査時点 t_L, t_R の間では一定であることを仮定し，横軸に時間を，縦軸に eGFR をとり，2 つの検査結果を図上にプロットして直線を引く．直線上で eGFR のベースライン値の 50% となる値 y_0（個人ごとに異なる）をとる点の時間を，50% 低下時点 t_e とした（図 1.19）．腎代替療法の開始は開始日付によって正確に定まる．Schae-

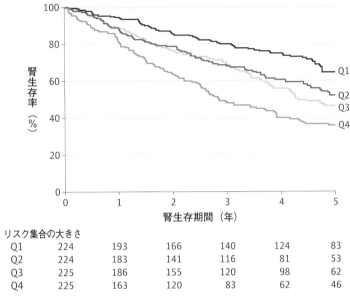

図 1.20 KM 法による腎生存率曲線. 小児の CKD 患者における suPAR 値四分位点による部分集団ごとの 5 年間の腎生存率. Q1 は suPAR 値 < 4.610, Q2 は 4.610 ≤ suPAR 値 < 5.658, Q3 は 5.658 ≤ suPAR 値 < 7.053, Q4 は suPAR 値 ≥ 7.053 (単位は pg/mL). (Schaefer et al.(2017) より引用)

fer らの腎生存率曲線を図 1.20 に示す.

　追跡期間の中央値は 3.1 年（四分位範囲 1.3～7.5 年）であった. 患者をベースラインの suPAR 濃度の四分位点に基づいて 4 群に分けた. 右側打ち切り時点は図 1.20 には明示されていない. suPAR 濃度が最高四分位群の 5 年腎生存率は 35.9%（95% 信頼区間 28.7～43.0%）であったが, 最低四分位群は 64.5%（57.4～71.7%）であった. 他の共変量（年齢, 性別, 腎疾患の種類, 蛋白尿の有無）の水準ごとにも, suPAR 濃度と腎生存率との関連性の検討を行った. 集団全体で見られた suPAR 濃度と腎生存期間との関連性とほぼ同様の傾向が, 部分集団においても見られた.

第2章

生存時間解析に用いられる代表的な分布

　生存時間（イベント発現までの時間）は0以上の値をとり，負の値をとらない．生存時間の分布は，連続型変数の分布としてよく用いられる正規分布のように，密度関数がある値を中心として対称となることは珍しい．そのため，生存時間解析では正規分布が用いられることは稀である．生存時間の分布として用いられる代表的な分布には指数分布，ワイブル分布，対数正規分布などがある．ここでは，パラメトリックな回帰モデルやシミュレーション実験など応用において多く用いられている指数分布とワイブル分布について特徴を解説する．指数分布はワイブル分布の特別な場合として表現できる．

2.1　指数分布

　指数分布 (exponential distribution) は1つのスケールパラメータを持つ．指数分布は，生存時間解析において最もシンプルなパラメトリックな回帰モデル，あるいは統計ソフトを使ったシミュレーション実験のデータ生成のモデルとして頻繁に用いられる．指数分布の生存関数，確率密度関数，累積分布関数，ハザード関数，累積ハザード関数はそれぞれ以下のようになる．

$t \geq 0$ に対し,

$$S(t) = e^{-\lambda t}$$
$$f(t) = \lambda e^{-\lambda t}, \quad \lambda > 0$$
$$F(t) = 1 - e^{-\lambda t}$$
$$h(t) = \lambda$$
$$H(t) = \lambda t$$

指数分布は,ハザードは時間によらず一定の定数 λ (スケールパラメータ) であることを仮定したモデルであり,メモリーロス (lack of memory) という特性を持つ.すなわち,イベントが起こるのは時間スケール上でランダムであることを仮定する.この仮定では,ある時間 $t_0 (> 0)$ まで生存した個体がその後 t 以上生存する確率は,今現在発生した個体がその後 t 以上生存する確率と同じになる.別な言い方をすれば,観察の起点からの時間 t_0 の長短によらず,時間 t_0 までイベントが起きていないとしても,その後 t 時間後のイベントの起こりやすさはいつも同じであることを仮定している.観察の起点からイベント発現までの時間を T とおくと,

$$P(T > t + t_0 \mid T > t_0) = P(T > t)$$

が成り立つ.

$\lambda = 0.5, 1.0, 1.5, 2, 2.5$ の場合の生存関数を図 2.1 に,密度関数を図 2.2 に,ハザード関数を図 2.3 に示す.書籍によっては,指数分布のパラメータを $1/\theta$ と定義し,$S(t) = e^{-t/\theta}$ と表記されていることもあるので注意が必要である.ハザードは時間によらず一定であるが,密度関数は時間の減少関数である.

数学的に,イベント発現までの時間がパラメータ λ の指数分布に従う場合の平均と分散は,それぞれ $1/\lambda, 1/\lambda^2$ となることがわかっている.以下,数学的に正確に算出したものを理論値,または真値と呼ぶ.

2.1 指数分布

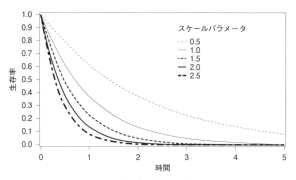

図 2.1 指数分布の生存関数

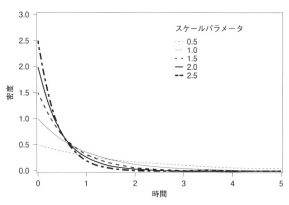

図 2.2 指数分布の密度関数

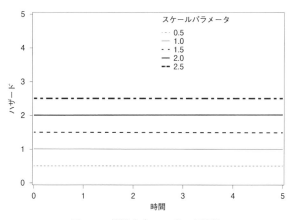

図 2.3 指数分布のハザード関数

2.1.1 シミュレーションでの留意点

シミュレーション実験では，シミュレーションのデータ生成が，パラメータ λ を持つ指数分布に従うようにできているのか，実際に生成したデータの平均値や分散などの要約統計量が理論値に近いことを確認することは重要である．ただし，生成したデータには当然ながらばらつきがあるので，データセット数個程度での平均値（たち）は理論値とほぼ同じであるとは限らない．標本数（データセットの個数）を増やして平均値（たち）の分布を確認することが必要である．このような確認は指数分布に限らず，シミュレーション実験で一般的に必要なことである．

統計ソフトを使って，人工的に $\lambda = 1$ の指数分布に従う 20 個，50 個，100 個のデータから構成されるデータセットをそれぞれ生成し，KM 法により求めた生存関数を図 2.4 に示す．図 2.4 において，いずれの KM 生存率曲線も標本数としては 1 つから得られたものであるが，標本の大きさ（1 つのデータセットにおけるデータ数，個体数，被験者数など）は異なっている．これらの用語の使い分けに注意してほしい．一般に，標本の大きさが大きくなると，1 つのデータセットから推定する平均値などは理論値に近くなる．

図 2.4(a) は，データ生成時に乱数の初期シードを同一にし，「データ数 20 個」のデータ全部が「データ数 50 個」に含まれ，「データ数 50 個」全部が「データ数 100 個」に含まれるようにした．図 2.4(b) の「データ数 20 個」は図 2.4(a) と同一であるが，ほかの 2 つのデータセットは乱数の初期シードを変え，それぞれ異なるデータを生成している．$0 < t < 5$ では，打切り例（右側打切りデータ）はないようにした．生成させたデータはいずれも打切りを受けていないので，図 2.4(a), (b) ともに，データ数 20 個，50 個，100 個のデータセットで，1 個のイベントが発現するごとに生存率はそれぞれ $\frac{1}{20}, \frac{1}{50}, \frac{1}{100}$ ずつ減少する．

一方，図 2.4(a) と (b) では，ばらつきの様相が異なる．図 2.4(a) では，データ数 20 個から推定した KM 生存率曲線は $0.9 < t < 2.0$ の間で理論値からのズレが大きい．このデータセットにさらに 30 個のデータを追加生成し，データ数 50 個とした KM 生存率曲線（図 2.4(a)）では前述

2.1 指数分布

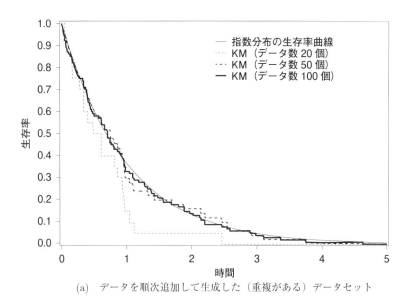

(a) データを順次追加して生成した（重複がある）データセット

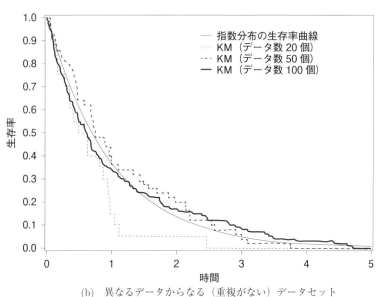

(b) 異なるデータからなる（重複がない）データセット

図 2.4 指数分布に従うシミュレーションデータを用いた生存関数の推定

のズレがかなり小さくなっている．さらに，このデータセットに 50 個のデータを追加生成したデータ数 100 個から推定した KM 生存率曲線は理論値にかなり近い．図 2.4(b) では，50 個のデータの生成は最初の 20 個のデータとは独立に行っているので，データ数 20 個から推定した KM 生存率曲線と理論値の差の絶対値はデータ数 50 個の KM 生存率曲線では小さくなっているが，差の符号は逆向きになっている．

　図 2.4(b) の 3 つの推定曲線の違いには，標本の大きさのほかに，シミュレーションでデータを生成するための乱数の系列（乱数の初期シード）の違いによる影響も含まれている．図 2.4(a) のデータ数 50 個と図 2.4(b) のデータ数 50 個の KM 生存率曲線の違い，および図 2.4(a) のデータ数 100 個と図 2.4(b) のデータ数 100 個の KM 生存率曲線の違いは，乱数の系列（乱数のシード）の違いによるものである．

　図 2.4 では視覚的にわかりやすいように，データ数ごとに標本数は 1 つにしているが，シミュレーション実験では，一般に，このようなデータセットを数多く生成して，推定方法や検定方法などの特性や性能を検討する．このようなシミュレーションでは，標本の大きさを数通り設定することが多い．通常は図 2.4(b) のような方法でデータを生成するので，結果は標本の大きさと乱数の系列（乱数のシード）の違いによる影響を受ける．生成したデータセットの標本の大きさが同じであるシミュレーション実験でも，データ生成のための乱数の系列（乱数の初期シード）が異なれば，結果は若干異なってくる（シミュレーション結果のばらつき，推定誤差）．

　シミュレーションの繰り返し数（データセット数に相当することが多い）を多くすることによって，推定誤差は小さくなる．結果に求められる精度に基づいて，シミュレーションの繰り返し数を設計するとよい．シミュレーションを実行して結果を得るのに数ヶ月などの長時間を要するような場合で，時間的な制約などによりシミュレーションの繰り返し数が制限される場合，制限された繰り返し数で，乱数のシードを変えて同じシミュレーション実験を行い，結果がほとんど変わらないか見ておくのがよい．

2.2 ワイブル分布

ワイブル分布 (Weibull distribution) は 1 つのスケールパラメータ λ と 1 つの形状パラメータ p を持つ．ワイブル分布の生存関数，確率密度関数，累積分布関数，ハザード関数，累積ハザード関数はそれぞれ以下のようになる．

$t \geq 0$ に対し，

$$S(t) = e^{-(\lambda t)^p}$$
$$f(t) = p\lambda^p t^{p-1} e^{-(\lambda t)^p}, \quad \lambda > 0 \quad (スケールパラメータ)$$
$$F(t) = 1 - e^{-(\lambda t)^p}$$
$$h(t) = p\lambda^p t^{p-1}, \quad p > 0 \quad (形状パラメータ)$$
$$H(t) = (\lambda t)^p$$

ワイブル分布は，形状パラメータ $p = 1$ のときにはパラメータ λ の指数分布に帰着する．書籍によっては，ワイブル分布のスケールパラメータを上記の λ の代わりに $1/\lambda$ と定義して使われていることもあるので注意が必要である．$p < 1$ のとき，ハザード関数は時間の減少関数となり，$p > 1$ のときは，時間の増加関数となる．

時間は連続型変数であるから，ハザードは確率の意味にならず，ハザード関数の値は 1 を超えることも多い．密度関数も同様である．

スケールパラメータ $\lambda = 0.8, 1, 1.5$ のそれぞれの場合ごとに，5 種類の形状パラメータ ($p = 0.5$〜4.0) について生存関数，ハザード関数，密度関数をそれぞれ図 2.5，図 2.6，および図 2.7 に示す．

図 2.5 では，異なる λ であっても生存率が同じになる時点（KM 生存率曲線が交わっている時点）があることがわかる．

ワイブル分布は，形状パラメータの大きさによらず，$1 - S(t) = 1 - e^{-1} \fallingdotseq 0.632$ となる t は，$t = \frac{1}{\lambda}$ になる特性がある．詳細は鎌倉 (1995) などを参照してほしい．スケールパラメータが同一であるとき，$0 < t < \frac{1}{\lambda}$ の間では $S(t)$ は，形状パラメータが大きいほど $S(t)$ が大きく，$\frac{1}{\lambda} < t$ で

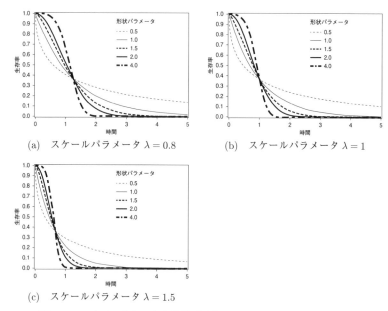

図 2.5 ワイブル分布の生存関数（形状パラメータを変化させた場合）

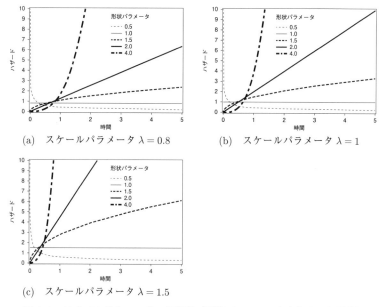

図 2.6 ワイブル分布のハザード関数（形状パラメータを変化させた場合）

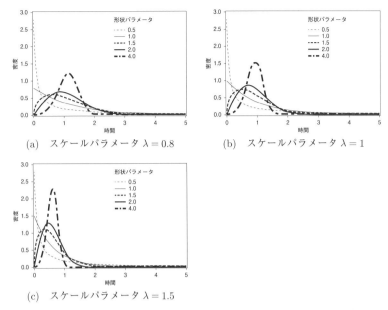

図 2.7 ワイブル分布の密度関数（形状パラメータを変化させた場合）

は形状パラメータが大きいほど $S(t)$ は小さくなる．形状パラメータ $p = 1$ のとき，ワイブル分布は指数分布に帰着するのでそれぞれのスケールパラメータごとに，$p = 1$ のハザード関数は時間によらず一定で，スケールパラメータの値になっている（図 2.6）．密度関数は，$p > 1$ のとき単峰性となる．図 2.7 が示すように，スケールパラメータが同一であるとき，p が大きくなると峰は右へ少し移動して高くなっているが，峰の位置はある点を超えない．$0 < p \leq 1$ のとき，密度関数は単調に減少する．

次に，$p < 1, p = 1, p > 1$ それぞれの場合ごとに，生存関数，ハザード関数，および密度関数を 4 種類の λ についてそれぞれ図 2.8，図 2.9 および図 2.10 に示す．

形状パラメータが同じであるから，スケールパラメータが異なっていてもグラフ上の経時推移曲線は似たような形状であることがわかる．図 2.9(b) は，$p = 1$ のときのハザード関数は時間によらず一定であり，スケールパラメータがハザードになっていることを示している．これはま

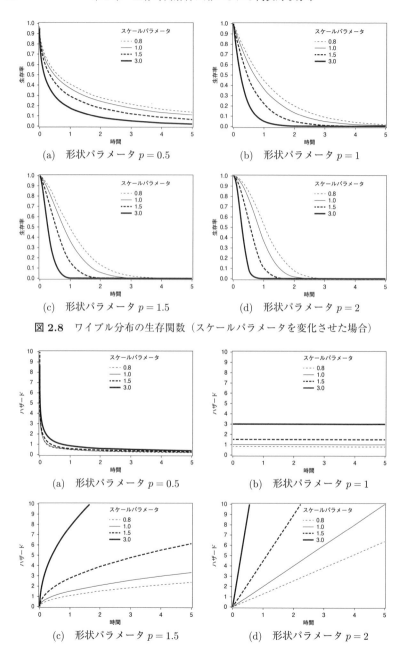

図 2.8 ワイブル分布の生存関数（スケールパラメータを変化させた場合）

図 2.9 ワイブル分布のハザード関数（スケールパラメータを変化させた場合）

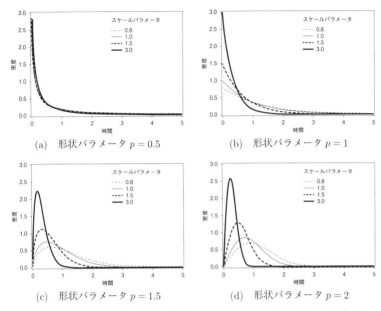

図 2.10 ワイブル分布の密度関数（スケールパラメータを変化させた場合）

た．表示しているスケールパラメータを持つ指数分布のハザード関数でもある．

　生存時間解析の手法の性能をシミュレーションで評価する場合，ワイブル分布を用いて様々なパラメータの組み合わせの真の分布を仮定し，それぞれに従う乱数を生成させることがよく行われる．3.6節に，実際のシミュレーションでの手順やワイブル分布などを仮定した乱数の利用方法の一例を紹介しているので参照してほしい．

第3章

区間打切りデータが含まれるときの生存関数の推定

3.1 区間打切りデータ

　イベントの発生時点を正確に知ることができず，ある時点から別なある時点までに発生した，という観察打切りになった時間の幅（censoring interval，以降，観察打切りになった区間，と呼ぶ）として得られる場合，これを区間打切りデータ (interval-censored data) と呼ぶ．区間打切りデータは，たとえば，事象の発生が検査をして初めてわかる場合（AIDS 感染の有無，腫瘍増悪の有無，癌の再発の有無）等，いつ発生したかは正確には不明で，ある時点での発生の有無のみがわかるときに見られる．たとえば，胃癌の手術のあと，図 3.1 のように 6 ヶ月間隔で再発の有無の検査を定期的に行ったとする．「再発」はいくつかの条件で定義されるイベントであると考えることができる．それらの条件が満たされているか否かは検査をしないとわからない．図 3.1 では，時点 3 までは定期検査で「再発」の条件を満たしていないことが確認され，時点 4 では「再発」の条件を満たしていることが確認されている．しかし，時点 3 の 3 日後には，「再発」の条件をすでに満たしていたかもしれない．このような場合，イベントの正確な発生時点は，経時的な検査で発生「なし」であった最後の検査日と発生「あり」であった最初の検査日の間，ということしかわからない．図 3.1 の例では，観察打切りになった区間は，左端を時点 3，右端を時点 4 とする時間の幅となる．

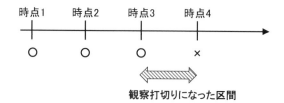

図 3.1 再発の有無の検査と区間打切りデータ

　観察打切りになった区間内では，その区間の左端に近くても右端に近くてもどこにあっても同じとして扱えるような場合には観察打切りになった区間を1つのグループとしてグループ化することがある．すべての個体において検査時点が同じで欠測がなければ，グループ化データ（grouped survival data, 区分データ）の解析方法を用いることができる．グループ化データは区間打切りデータの特別な場合で，異なる被験者のうちの任意の2名（仮に被験者A，被験者Bとする）について，観察打切りになった区間は全く同一（被験者Aと被験者Bの観察打切りになった区間の左端どうし，右端どうしがそれぞれ同一）であるか，もし同一でなければ全くオーバーラップがない（被験者Aの観察打切りになった区間と被験者Bの観察打切りになった区間は完全にずれている）かのいずれかであることを通常は意味している（たとえばChen et al., 2013）．観察打切りになった区間の左端を見ずに，右端だけを見て右端をグループ化することはこの条件に当てはまらない．また，生存時間が連続時間のときに観察打切りの有無によらず適当な時間間隔ごとに区切って死亡の有無を確認することがあり，これもグループ化データと呼ばれる．グループ化データの解析方法については中村(2001)などを参照してほしい．

　一方，臨床試験計画により定期的に計画されている検査の場合であっても，図3.2に示すように，検査時点には前後数日から数ヶ月の許容幅が設定されている．観察開始時点から遅い時点であるほど許容幅は長く設定されていることが多い．また，患者（被験者，個体）が来院しなかったり予

3.1 区間打切りデータ 97

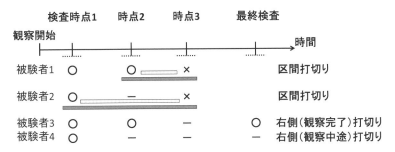

図 3.2 区間打切りデータと右側打切りデータ

定日と異なる日に来院することも珍しくない．観察打切りになった区間の右端の検査時点が同じであっても観察打切りになった区間は図 3.2 の被験者 1，被験者 2 のように異なる場合も多い．その結果，イベントの発生時間が区間打切りデータになり，観察打切りになった区間は個体により端点が異なり，長さも異なり，ほかの個体の観察打切りになった区間とのオーバーラップも発生することになる．

検査によりイベントが発生していないことをある時点まで確認することはできても，検査によりイベントが発生したことを確認できずに観察が終わる場合，イベント発現までの時間としては右側打切りデータとなる．図 3.2 の被験者 3 では最終検査時点が，被験者 4 では検査時点 1 がそれぞれにとってイベントが発生していないことを確認した最も遅い時点である．この時点をもってそれぞれの被験者のイベント発現までの時間は右側打切りデータとして観測される．被験者 3 では時点 3 での検査はなされていないが，イベントが発生していないという検査結果が連続している間に起こる欠測は，欠測になる直前の結果が継続されていると見なしてよいであろう．図 3.2 の研究計画は，図 1.3 のように観察期間の長さを全被験者に共通な一定期間に定めている．被験者 3 のような，最終検査時点まで観

察を継続してイベント発現の観察が打切りになるのは，1.1.1 項で説明したように典型的な無情報な打切りである．

3.2 区間打切りデータのタイプ

T を観察の起点からイベントが起きるまでの時間，$[L, R], L \leq R$ を T が観察打切りになった区間とする．すなわち，$T \in [L, R]$ である．特別な場合として，$L = R$ であれば T が正確に観測できる場合を，$L = 0$ であれば左側打切りデータ[1]を，$R = \infty$ であれば右側打切りデータを示す．

すべての個体について検査が 1 回限りの場合，得られるデータは $L = 0$ または $R = \infty$ となり，ケース I (case I) 区間打切り（たとえば Groeneboom and Wellner, 1992）と呼ばれる．たとえば，薬物の癌原性を調べる動物実験では，観察期間を定めて，観察期間中に死亡した動物はその時点で，観察終了時点まで生存した動物は観察終了時点で解剖され，ある臓器に癌が発現しているか否かが観測される．$0 < L, R < \infty$ となる観察打切りになった区間（狭義の区間打切りデータ）を 1 個以上含む場合，ケース II (case II) 区間打切り（たとえば Groeneboom and Wellner, 1992）と呼ばれる．図 3.2 のデータの場合はこれに該当する．T の終点が区間打切りになるだけではなく，T の起点も区間打切りになる場合，二重の区間打切り（doubly censored data（たとえば De Gruttola and Lagakos, 1989），doubly interval-censored data（たとえば Sun, 1995））と呼ばれる．たとえば，T が AIDS の感染から発病までの時間（潜伏期間）である場合，感染の有無も発病の有無も検査をして初めてわかるので，AIDS の潜伏期間は二重の区間打切りデータとして観測される．観察対象集団の一部の個体については正確なイベント発現時間が得られているが，そのほかの個体については区間打切りデータとしてのみ得られている場合，特に部分的区間打切りデータ (partly interval-censored data) とも呼ばれる（たとえば Peto and Peto, 1972）．

---

[1] イベント発現までの時間は「ある期間 (R) 以下」ということしかわからないデータ．

3.3 １点代入後にカプラン・マイヤー法を用いる方法

　癌領域の臨床試験では無増悪生存期間 (progression free survival, PFS) を主要評価項目 (primary endpoint) とすることも多い．通常，イベントを死亡または増悪のいずれか先に起きた事象と定義し，無増悪生存期間の起点を治療法の割り付け時点，終点をイベントの発現時点とする．イベントが死亡の場合は正確な発現時点がわかるが，増悪は検査をして有無を判定するので，たとえば，図3.2 の被験者１では時点２と時点３の間という区間打切りデータとなる．したがって，得られたデータは部分的区間打切りデータ，あるいはそれに右側打切りデータが加わったものとなる．このような場合，正確なイベント発現時間や右側打切りデータはそのまま用いるが，区間打切りデータに対してはある値を代入 (imputation) した後，その値をあたかも正確なイベント発現時間であるかのように扱い，既存の（正確なイベント発現時間と右側打切りデータを対象とする）KM法などの生存時間解析の手法を適用する方法がある．この方法は簡便であり，既存の生存時間解析のための汎用ソフトウエアも豊富であるので広く応用されているようである．観察打切りになった区間に対して１点を代入する方法としては観察打切りになった区間の右端，中点，左端代入 (Law and Brookmeyer, 1992) や，観察打切りになった区間の上での確率的な代入，期待値代入 (Gauvreau et al., 1994) などがある．確率的な代入方法では，データの分布をパラメトリックまたはノンパラメトリックな方法で推定し，観察打切りになった区間の上でイベントが発生したという条件付けをして，そこでの条件付き密度関数（または分布関数）に従うような乱数を１個生成させて代入する（たとえば Zhang et al., 2009）．その他，多重代入法 (multiple imputation; Rubin, 1987) を利用したアプローチもある（Taylor et al., 1990; Pan, 2000 など）．

　１点を代入する方法は応用では右端代入が頻用されている．正確なイベント発現時間は実際は未知であるのに，代入値があたかも正確なイベント発現時間であるかのように取り扱うので，標準誤差 (SE) の推定は過小評価になっている．観察打切りになった区間が広かったり個体によっ

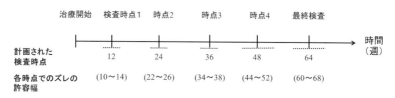

図 3.3　計画された検査時点とその許容幅

て変化する場合などはKM法による推定値にバイアスが入る (Law and Brookmeyer, 1992). また，区間打切りデータに対して観察打切りになった区間の左端，中点，右端などを代入して，KM法により無増悪生存率の推定を行う場合，個人の無増悪生存時間はこの3通りの間で必ず左端，中点，右端代入の順に長くなるにもかかわらず，集団としてのデータに右側打切りデータが存在する場合，集団としての無増悪生存率は必ずしもこの順に悪いとは限らない現象が起こる (Nishikawa and Tango, 2003ab). この現象については具体的に次項で説明する．

3.3.1　1点代入法のパラドクス

Nishikawa and Tango (2003b) の数値例を用いて，上述の現象を具体的に見てみよう．図3.3に，Nishikawa and Tango (2003b) の例題となった実際の臨床試験での検査時点とその許容幅を示す．治療法の割り付けは治療開始日と同日であった．

以下に無増悪生存時間の数値を，正確なイベント発現時間，右側打切りデータ，区間打切りデータに分類して再現した．集団としてのデータは部分的区間打切りデータと右側打切りデータから構成されている．右側打切りデータの最初の8個は，図3.2の被験者4のように試験の観察期間の途中までで観察が中途打切りになったデータである．観察期間が最終検査である64週まで完了してイベントが発現していないことが確認された22名の右側打切りデータは，図3.2の被験者3のような場合であるが，図3.3に示すように最終検査時点の許容幅として前後に4週間がとられているので22名の観察完了時の検査日の数値には多少の差異がある．

3.3 1点代入後にカプラン・マイヤー法を用いる方法

正確なイベント発現（死亡）までの時間 ($n_1 = 5$)

19.1 22.4 33.1 48.4 58.1

右側打切りデータ ($n_2 = 30$)

観察中途打切り

13.4+ 25.7+ 26.1+ 26.7+ 34.0+ 34.1+ 46.7+ 53.1+

観察完了打切り

（試験期間終了時点までイベントが確認されない被験者）

62.9+ 64.0+ 64.4+ 64.6+ 64.9+ 65.1+ 65.1+
65.4+ 65.6+ 65.6+ 65.6+ 65.6+ 65.6+ 65.7+
65.9+ 65.9+ 65.9+ 66.3+ 68.0+ 68.1+ 68.6+
69.1+

区間打切りデータ（検査して初めてわかる腫瘍増悪までの時間）
($n_3 = 23$)

(0.1, 12.4)   (1, 13.4)   (0.1, 13.6)   (12, 15.1)   (13, 23.6)
(13.3, 25.1) (12.6, 25.6) (14.1, 26.1) (13.6, 29)   (24.3, 36.6)
(25.9, 36.9) (24.9, 36.9) (25.1, 37.1) (26.1, 38.1) (25.7, 38.1)
(24.6, 38.4) (24.1, 40.6) (36, 48)   (36.9, 49)   (39, 51)
(49, 65.4)   (49.9, 65.9) (49.9, 66)

区間打切りデータについて，観察打切りになった区間の左端とその長さの分布を表 3.1 に示す．観察打切りになった区間の左端は各検査時点で見られ，区間の長さも 0〜18 週にわたり様々で，それらのオーバーラップは複雑なパターンになっている．

区間打切りデータの観察打切りになった区間 $[L, R]$ の左端，中点，右端は各 $L, \frac{L+R}{2}, R$ であり必ずこの順に長くなる．区間打切りデータのままでは KM 法を用いることができないので，観察打切りになった区間の左端，中点，右端の 3 通りを代入して，3 種類のデータセットを作成し，KM 法による無増悪生存率を比較した．すなわち，23 個の区間打切りデータに対しては観察打切りになった区間の右端をあたかも正確なイ

表 3.1 例題データにおける観察打切りになった区間の左端とその長さの頻度分布 (Nishikawa and Tango(2003b) より引用)

観察打切りになった 区間の左端の検査時点	観察打切りになった区間の長さ					
	(0,10]	(10,12]	(12,14]	(14,16]	(16,18]	計
治療開始時			3			3
12	1	3	1	1		6
24		4	3		1	8
36		2	1			3
48				1	3	4
その他						
計	1	9	8	2	4	24

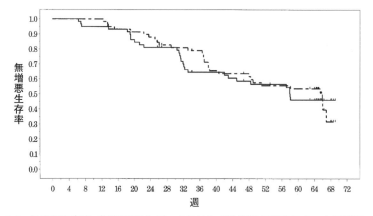

図 3.4 無増悪生存率(区間打切りデータに対しては観察打切りになった区間について,実線は中点代入 (SM) を,破線は右端代入 (SR) を表している.29〜30, 40〜42, 51〜57 および 66(週)以降で SM > SR となる.Nishikawa and Tango(2003b) より図1を引用し,一部改変)

ベント発現であるかのように見なして R で置換し,5個の正確なイベント発現時間と 30 個の右側打切りデータに対してはそのままの数値を用いて KM 法により無増悪生存率 (SR) を推定する.次に 23 個の区間打切りデータに対して観察打切りになった区間の中点 $\frac{L+R}{2}$ で置換し,ほかの 35 個は SR 推定時と同一の数値のままで KM 法による推定を行った無増悪

3.3 1点代入後にカプラン・マイヤー法を用いる方法

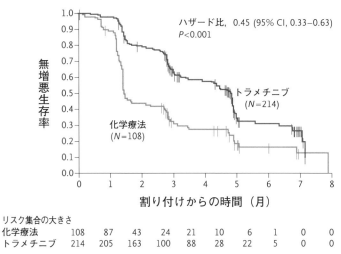

図 3.5 KM 法による無増悪生存率曲線（Flaherty et al. (2012) より引用）

生存率 (SM) を求める．結果を図 3.4 に示す．区間打切りデータに対して L で置換し同様の推定を行った生存率 (SL) の図は割愛するが，66 週以降は SL > SM > SR となる．

直感的にはすべての時点で SR > SM となることが予想されるが，図 3.4 に示すように SR（破線）と SM（実線）は交差を繰り返し，29～30，40～42，51～57，66 週以降では SM > SR となっている．特に，最終の検査時点のあとの 67 週以降に隔離が大きくなっている．原因は 1.4.2 項を参照してほしい．右側打切りデータが存在するとき，左端，中点，右端それぞれを代入する方法の間では多くの場合には中点代入が平均二乗誤差を小さくするが，右端代入は必ずしも生存率の過大評価というわけではない (Nishikawa and Tango, 2003b)．

図 3.4 では，64 週時点での無増悪生存率は約 50% 程度であるが，癌の種類によっては 40 週での無増悪生存率がほぼ 0 という場合もある．図 3.5 に Flaherty et al.(2012) の無増悪生存率 (PFS) を再掲する．図 3.5 の新薬群（トラメチニブ群）と対照群（化学療法群）の被験者はそれぞれ別々な人であるが，それぞれの無増悪生存期間は，図 3.4 の SR 推定時と同様に，観察打切りになった区間に対しては区間の右端 1 点代入を行っ

てKM法により推定している．

図3.4が示すように，観察打切りになった区間が同じであっても右端代入か中点代入かにより無増悪生存時間の25パーセント点（第1四分位点）や50パーセント点（中央値）などは検査間隔の半分程度違っている（延長して見える）ので，その程度の分位点の差であれば，治療効果の改善としてはあまり意味がないのかもしれない．一方，図3.5の新薬群の無増悪生存時間の第1四分位点，中央値，第3四分位点は，対照群の2倍以上である．これらの分位点の差は1.5～2ヶ月くらいであるが，検査間隔より長い．無増悪生存率が7～8ヶ月でほぼ0であるような疾患では，上記の分位点が対照群よりも検査間隔以上の延長があれば，治療の有意義な進歩といえるのではないだろうか．2群の無増悪生存率曲線が7～8ヶ月時点で交差しているのは右側打切りデータの影響かもしれない．

3.4 区間打切りデータとして扱う推定方法

区間打切りデータに対してある1つの正確な値を代入することなく，それを区間打切りデータとして扱い，最尤法により生存関数を推定する方法（ターンブル法；Turnbull, 1976）はKM法より少し遅れて提案されている．KM法を区間打切りデータがある場合に拡張した方法と見なせる．ターンブル法では，一般に，$\hat{S}(t)$を，KM法の式 (1.8), (1.9) のような明示的な式としては表現できず，KM法の階段相当の値を求めるために数値計算が必要となる．電卓レベルの計算では解けず，過去にはターンブル法の汎用解析ソフトがなかった．恐らくそのために，ターンブル法はKM法ほどにはあまり知られていないようである．現在は，ターンブル法はSASやRなどに組み込まれている．以下にターンブル法の概要を説明する．統計の初学者は本節を読み飛ばして差し支えない．

観測データがケースⅡ区間打切りデータとして得られる場合をここで取り上げる．$T_i, i = 1, \ldots, n$をi番目の被験者の観察の起点からイベントが起きるまでの時間で連続変量とし，独立に同一の生存関数 $S(t) = P(T > t), 0 \leq t < \infty$ に従うと仮定する．$F(t) = 1 - S(t)$とする．

$[L_i, R_i], L_i \leq R_i$ を T_i が観察打切りになった区間とする．各被験者について，観察打切りになった区間（図 3.2 の状況では検査時点）はイベント発現までの時間とは独立であること（無情報な打切り）を仮定する．ここでは観察打切りになった区間を閉区間として表記するが，半開区間（たとえば Finkelstein, 1986）や開区間としても若干の表記の違いはあっても同様の議論が成り立つ．生存関数は，n 個の観測値 $[L_i, R_i], i = 1, \ldots, n$ より得られる以下のノンパラメトリックな尤度 (likelihood, L) を最大化することにより推定を行う[2]．

$$L = \prod_{i=1}^{n} \{F(R_i+) - F(L_i)\},$$

ここで，$F(t+) = \lim_{\Delta t \to +0} F(t + \Delta t)$ を表す．ノンパラメトリックな最尤法については Li and Ma(2013), Sun(2005) などを参照してほしい．生存関数のノンパラメトリックな最尤推定量 (NPMLE; Peto, 1973; Turnbull, 1976) は，一般には明示的な式としては解けないので，反復計算が必要となる．アルゴリズムとしては iterative convex minorant アルゴリズムの方が計算時間が短いが，自己一致 (self-consistency) アルゴリズム (Turnbull, 1976) は単純でわかりやすく SAS のコードも数行程度で簡単に書ける (Lindsey and Ryan, 1998)．以下に後者による導出手順を述べる．

(1) 時間軸上で，0 でない確率分布を持つサポート（時間の幅または時間の 1 時点）を次のように特定する．まず，すべての L_i, R_i および ∞（無限大）を被験者の添え字 i を気にせず，L と R も区別せずに昇順に並べる．次に，小さい方から昇順に 1 つずつずらしながら順次隣接する 2 つの並びを見ていき，その並びのペア $[q_j, p_j]$ が，$q_j \in \{L_i, i = 1, \ldots, n\} \cup \{\infty\}, p_j \in \{R_i, i = 1, \ldots, n\} \cup \{\infty\}$ となるような $[q_j, p_j]$ を特定する．

---

[2]記号 $\prod_{i=1}^{n}$ は，右項の添え字 i に 1 から順次 1 ずつ増やして n まで代入を行い，それらの n 項の積をとることを意味する．

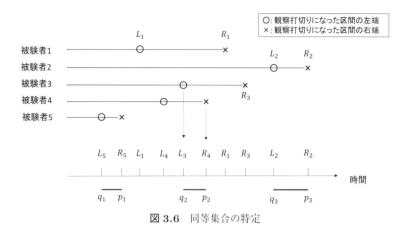

図 3.6 同等集合の特定

q_j として選ばれたそもそもの L（仮に，被験者 A の左端だとする）と，p_j として選ばれたそもそもの R（仮に被験者 B の右端だとする）との間で被験者 A,B の対応に関する条件は一切必要としない．すなわち，被験者の添え字 i は無視して，昇順列（横に並べて小さい値を左側とする）において左右に隣接する 2 つのうち左に並ぶものはいずれかの観察打切りになった区間の左端もしくは ∞ で，右に並ぶものはいずれかの観察打切りになった区間の右端もしくは ∞ であるような 2 つの並びを抽出していけば，上記のような $[q_j, p_j]$ を得ることができる．$[q_j, p_j](j = 1, \ldots, m)$ は一般に不連続な m 個の区間になり，同等集合 (equivalence sets) と呼ばれる．最長の観測値が右側打切りデータである場合に ∞ が影響してくるが，実際の推定においては ∞ をある大きな数値で代用することになる．

図 3.6 に同等集合の特定方法を被験者 5 名の例で示す．各 L と R には被験者番号を添え字とし，それぞれの被験者で観察打切りになった区間の左端と右端を図 3.6 に ○ と × で示した．これら 5 名の $L_i, R_i, i = 1, \ldots, 5$ を時間軸上に昇順に並べると，その順序は $L_5, R_5, L_1, L_4, L_3, \ldots, L_2, R_2$ であることがわかる（図 3.6 の下段）．最初に隣接する L_5, R_5 は上の (1) の条件を満たすので $q_1 = L_5, p_1 = R_5$ により 1 つ目の同等集合 $[q_1, p_1]$ が

特定される．次に順次隣接する $(R_5, L_1), (L_1, L_4), (L_4, L_3)$ は (1) の条件を満たさない．そして (L_3, R_4) は (1) の条件を満たすので $q_2 = L_3, p_2 = R_4$ により2つ目の同等集合 $[q_2, p_2]$ が特定される．さらに，隣接するペアを順次見ていくと，$(R_4, R_1), (R_1, R_3), (R_3, L_2), (L_2, R_2)$ となり，最後の (L_2, R_2) のみが (1) の条件を満たす．よって，$q_3 = L_2, p_3 = R_2$ により3つ目の同等集合 $[q_3, p_3]$ が特定される．この例では同等集合の数 $m = 3$ になる．

(2) 自己一致アルゴリズム (Turnbull, 1976) により同等集合上の確率分布を求める．自己一致アルゴリズムは EM アルゴリズム (Dempster et al., 1976) と見なせる．

狭義の区間打切りデータがない場合は NPMLE は KM 推定量と一致する．同等集合 $[q_j, p_j](j = 1, \ldots, m)$ の上ではどこに確率分布を持っていても尤度は同じになるので，NPMLE は同等集合の上では一意に定義できない．そのため同等集合の上では階段関数または線形内挿法を用いたりする．時点ごとの分散や信頼区間の推定には対数尤度の2階微分の逆数を用いたり，ブートストラップ法を用いたりする．サンプルサイズが増加すると未知のパラメータ数も増加するので古典的な最尤推定量の理論を直接的に適用できない．そのため，NPMLE の漸近分布理論は完全には解決されていない．

Sun(2005) には区間打切りデータに関する様々なテーマがまとめられているので参照してほしい．Chen et al. (2013) には区間打切りデータ解析の応用や解析ソフトについてもまとめられている．

3.5 シミュレーションによる推定方法の比較

観察打切りになった区間に1点を代入後に KM 法を用いる方法は現在も広く使われているが，標準誤差の過小評価の問題以外に，被験者数が少ない場合は 1.4.2 項で述べたような直感に反するような挙動が起こりやすい．ターンブル法は観察打切りになった区間を区間打切りデータとして取

り扱い，イベント発現までの時間が正確にわかるデータは区間打切りデータの特別な場合（観察打切りになった区間の長さは 0）として取り扱えるので，KM 法をより一般化した推定法と見なせる．しかし，同等集合上では一意に推定値が得られなかったり標準誤差の推定などの理論的な問題があったりするため，いずれの方法も一長一短がある．このような場合，通常，第 2 章で説明した代表的な生存時間分布を真値と仮定してデータを生成し，シミュレーション実験により方法間の性能を比較することが多い．シミュレーションでは実験者が真値をある理由によって選択している．実験されていない生存時間分布が真の場合も含めて結果が一般化できるわけではないが，類推はある程度可能である．

Nishikawa and Tango (2003b) は図 3.3 の臨床試験をもとにしたシミュレーションを行い，区間打切りデータにはある 1 点を代入後に KM 法を用いる簡便な方法と区間打切りデータとして扱うターンブル法を比較した．被験者数が多い場合は第 1 章で述べた直感に反するような挙動が起こる条件はあまり成立しないと予想されるので，実例に近い被験者数である 1 群 50 名および 100 名で検討を行った．無増悪生存時間 (PFS) を主要評価項目とした臨床試験を想定し，試験のフォローアップスケジュール，無増悪生存時間の真の分布およびデータの生成方法等の手順は，以下のように設定している．

観察期間：60 週
検査・観察：ベースラインを含む計 6 回，各検査間隔は 12 週
検査時点のズレの許容幅：第 1～第 3 回目の検査は前後 2 週間，第 4，
　　　　　　　　　　　第 5 回目の検査は前後 4 週間

被験者ごとの検査日がズレの許容範囲内のいつになるかは一様分布を仮定した．図 3.4 の実際の臨床試験では，定められた検査日をスキップし，その時点では欠測となった被験者がいたので，シミュレーションでも各検査時点に欠測がありうるとして，第 2 回目～第 4 回目の検査で，一様分布を用いて確率 0.1 でその時点の検査を欠測とした（図 3.7）．実際の臨床試験では検査日をスキップした理由があるが，シミュレーションではそれ

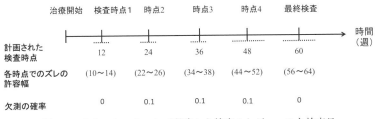

図 3.7 シミュレーションで設定した検査スケジュールと検査日

らを単純化して無情報なスキップと見なして一様分布を仮定して欠測か否かを生成している.

PFS の真の分布はワイブル分布（2.2 節を参照）を仮定した．形状パラメータ α はリスク減少型 $(\alpha = \frac{2}{3})$，リスク一定型 $(\alpha = 1)$，リスク増加型 $(\alpha = \frac{3}{2})$ の 3 通りとした．実際の臨床試験の状況を模して，最終検査時 $(t = 60\,週)$ の無増悪生存率期待値として 40% $(S(60) = 40\%)$ となるように，ワイブル分布の尺度パラメータ λ を，各 α ごとに数値計算を行って算出した．死亡（イベント発現までの正確な時間）の割合は実際の臨床試験では 17% であったので，期待値として，イベント発現までの正確な時間が 17% となるように一様分布を利用して，ワイブル分布に従って生成されたデータを死亡か増悪のいずれかにふりわけた．増悪にふりわけられた場合，生成されたデータが，欠測ではない第何回目の検査日と第何回目の検査日の間にあるかによって，観測されるデータとしては，区間打切りデータ（観察打切りになった区間の両端はそれらの検査日）となる．

観察中途打切り（右側打切り）の分布は一様分布を仮定し，右側打切りとなる割合（の期待値）をもとに計算によって一様分布のサポートの長さを定めた．最終検査時点より前に起こる右側打切りの割合は実際の試験では 13% であったが，25%，50% も検討している．シミュレーションで仮定した無増悪生存時間の真の分布と右側打切りまでの時間の分布のパラメータを表 3.2 に示す．実際の試験では右側打切りとなった理由は試験中止や追跡不能など無情報な打切りとして取り扱うのには問題がある理由であったが，シミュレーションではこの状況を単純化して右側打切り割合を再現している.

表 3.2 シミュレーションで設定した無増悪生存時間と右側打切りまでの時間の分布 (Nishikawa and Tango(2003b) の表 2 から引用)

無増悪生存時間の真の分布		右側打切り割合期待値 (%)		
		13	25	50
ワイブル	(0.667, 68.41)	275	143	70
ワイブル	(1.0, 65.48)	300	158	79
ワイブル	(1.5, 63.60)	330	173	86

＊ 表のセルの数値は一様分布のサポートの長さ

このような手順によって，観測データとしては死亡時間（正確なイベント発現時間），増悪までの時間（イベント発現までの時間は区間打切りデータ），観察中途打切りデータ（イベント発現までの時間は右側打切りデータ）が混在するデータセットとなる．このデータセット中の区間打切りデータに対しては，3種類の1点代入法（観察打切りになった区間の左端，中点，右端を代入する方法）を行って3種類の解析用データセットを生成し，KM法により経時的に無増悪生存率を推定した．また，増悪までの時間を，観測された通り区間打切りデータのままとし，ターンブル法により経時的無増悪生存率を推定した．ターンブル法では同等集合上での確率分布の減少の様相は一意に定まらないので，その上では階段関数法と線形内挿法の両方を検討した．1日単位の時点ごとに無増悪生存率の推定精度についてバイアス，相対的バイアス，ばらつき (SD)，平均二乗誤差 (MSE) などを用いて推定方法の間の差異を評価し，性能を検討した．

シミュレーションの繰り返し数は500回であった．当時のコンピューターの処理能力を鑑みるとやむを得ないと思われる．

Nishikawa and Tango (2003b) では表 3.2 の9通りの設定ごとに結果を表にまとめ，右側打切りの割合を13%に設定した3通りを含む4通りの設定下で結果を図示している．ここでは，真値にリスク減少型，および増加型のワイブル分布を仮定し，右側打切りの割合を13%に設定した場合の結果のみを図3.8に引用する．方法間のMSEにおける大小関係とMSEの平方根における大小関係は同等であるので，バイアスとばらつきのMSEへの相対的寄与の度合いがわかりやすいように，図3.8で

3.5 シミュレーションによる推定方法の比較

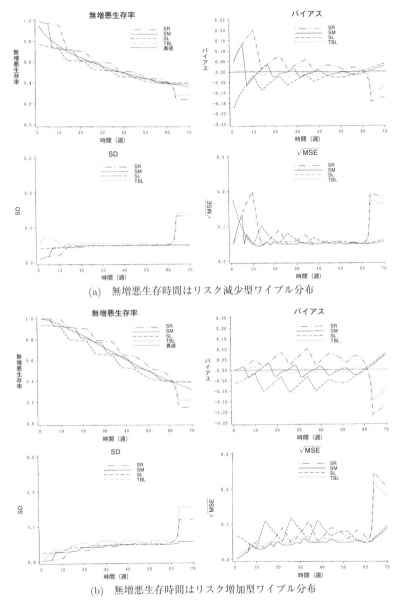

図 3.8 無増悪生存時間にワイブル分布を仮定し，右側打切りデータ 13% とした設定下での各推定法の性能（Nishikawa and Tango(2003b) より引用）

は $\sqrt{\text{MSE}}$ が示してある．ターンブル法では，同等集合上での階段関数法 (TBC) と線形内挿法 (TBL) の 2 つの方法間ではほとんど区別できない程度の違いであったので，図では階段関数法の結果は省略された．

右側打切り割合が，13%，25% では，左端代入の KM 法による推定値 (SL) ≤ 中点代入の KM 法による推定値 (SM) ≤ 右端代入の KM 法による推定値 (SR) が成立しない期間はそれほど長くはないが，皆無というわけではなかった．特に，観察終了時の 60 週以降，SR のバイアス（過小評価）は大きかった．リスク減少型ワイブル分布で右側打切り割合が 50% では，観察期間の後半では上述の不等式が成立していなかった．このことは，1 つの数値例で図 3.4 に見られた SM と SR が交差しながら経時的に減少し，最後には SR が大きく減少するという挙動が例外的なものではなく，図 3.4 のような検査時点の設定状況では平均的に起こっている現象であることを示唆している．

理論的に予想されるように，右側打切りの割合が 25% の場合には 13% の場合よりバイアス，SD，MSE がやや大きくなる傾向が見られる．方法間の差異は右側打切り割合 13% の場合と同様であった．MSE の観点では中点代入の KM 法が最小を示している期間がかなりの部分を占め，最良である．ターンブル法はその次に最小の MSE を示している．

一方，バイアスの観点ではターンブル法が最小を示している期間が長く，最良である．しかし，観察終了時の 60 週以降のバイアスは右端代入の KM 法と同様に増大している．シミュレーションでは SD が算出できるが，実際の応用の場面では真の無増悪生存時間の分布は未知である．統計ソフトを使って算出される標準誤差 (SE) はこのシミュレーションの SD に相当する．1 点代入後に KM 法を用いた SE は，ばらつきを過小評価している．ターンブル法の対数尤度の 2 階微分の逆数による SE もこのシミュレーションの SD を過小評価していると考えられる．

Chen et al. (2013) は推定に関する性能評価には言及していない．1 点代入後のデータで群間比較（検定）する方法と区間打切りデータのまま取り扱って群間比較（検定）する方法をシミュレーションにより検討し，後者を薦めている．これは，1 点代入後に KM 法を用いる推定とターン

3.5 シミュレーションによる推定方法の比較

ブル法による推定の比較の延長とも見なせる．シミュレーションの設定として Nishikawa and Tango(2003b) と大きく異なるのは，Chen et al. (2013) では，図 3.2 の被験者 3 のような右側（観察完了）打切りはなく，全員のイベントが発現する ($\hat{S}(t) = 0$) まで観察が長く継続されることである．1 点代入による KM 法とターンブル法の比較もシミュレーションデザインとして観察期間を 60 週時点に固定せず，最後の 1 名がイベントを発現するか，または打切りになるまで長くとれば，ターンブル法の図 3.8 のような観察終了時付近のバイアスは小さくなるのかもしれない．

右側打切り割合が 25% 以下では，各推定法の MSE の差異は観察終了時の 60 週直前くらいまでは時間とともに減少する傾向が見られた．一方，右端代入の KM 法とターンブル法では 60 週以降の推定値の過小評価も SD も大きいので，これらを反映した MSE も大きい．1 点を代入する方法では，代入点が検査時点の直前直後や検査時点間の中点に集中しやすいので，代入を行ういずれの方法でもバイアスの大きさは経時的に鋸状に変化している．ターンブル法でも緩やかな波状のバイアス傾向が見られている．リスク型によらず右側打切り割合が 25% 以下では，60 週でのバイアスは概ね小さい．

しかし，右側打切り割合が 50% では 60 週での推定値はいずれも過小評価となり左端代入の KM 法でバイアスも MSE も最小であった．一方，右端代入の KM 法は観察初期には正のバイアスがあるが，観察期間の半分を超えた頃からバイアスの向きは負となり時間とともにバイアスは増大した．

TBC と TBL がほぼ同一であったのは，設定した状況では観察打切りになった区間の端点が計画した観察時点近くになり，その影響で同等集合のサポートの幅が狭くなったせいかもしれない．あるいは，被験者数 100 名では 1 名の生存率（死亡率）の寄与は 1/100 であるから同等集合上の確率分布が小さかったせいかもしれない．

統計的観点からは，中点代入の KM 法が，現場で汎用されている右端代入の KM 法やターンブル法よりも好ましい性能を示している．シミュレーションでは特定の実例を模した設定により解釈をわかりやすくしてい

るが，時間のスケールの変数変換を行うことにより，生存時間中央値が確実に求められる程度の長さの観察期間を設定する様々な実例を模していると考えられる．臨床研究では観察期間の初期には密に検査を行い，後期には検査間隔はそれほど密ではなくなることが多い．

　TBL では検査時点の直前直後で SD が小さくなり，検査時点の許容幅を外れる時間では SD が大きくなっている．一方，TBL のバイアスは許容幅の左端で小さくなり右端で大きくなっている．そのため TBL の MSE はほかの方法と比較してなかなか最小にはならない．この現象は同等集合のサポートが計画した検査時点をはさむ狭い幅で構成されているためであろうと予想される．もし検査日の欠測割合がシミュレーションの設定より多くなり観察打切りになった区間がたとえかなり長くなったとしても，TBL の同等集合のサポートは上述のようになるであろう．

　一方，代入法の SD は TBL よりも観察期間のほぼ全体で小さい．右側打切り割合が 25% 以下では，中点代入の KM 法の MSE はほぼ全期間で最小である．最終の検査時点の中点代入の KM 法のバイアスは負で TBL のそれよりも若干大きい．概して，TBL はバイアスが小さいという特長があったが，右側打切り割合が 50% の場合はバイアスは代入法すべてと比較して，ほぼいつも最小というわけではない．

　中点代入の KM 法が右端代入の KM 法よりも MSE が小さいのは，仮定した真の分布では，観察打切りになった区間が所与の場合のイベントの発現時間の期待値が，観察打切りになった区間の端点よりも中点に近くなっていることが要因の 1 つであろう．右側打切り割合が 50% の場合，右端代入の KM 法は必ずしも無増悪生存率を過大評価しているわけではない．Nishikawa and Tango (2003b) ではより詳細な論議がなされている．

3.6　無増悪生存率の推定事例

　1.5 節で示した無増悪生存率や無病生存率では，増悪日や再発日は観察打切りになった区間に対して区間の右端を代入した後 KM 法による推定を行っていた．臨床試験の事例を 2 つ見たので，ここでは観察研究の事

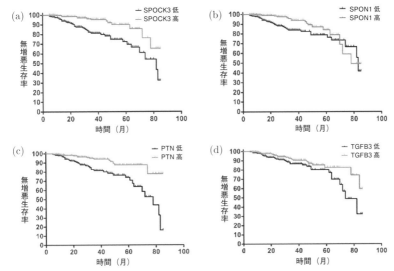

図 3.9 バイオマーカー候補遺伝子ごとの無増悪生存曲線.(a)SPOCK3 高レベル群と低レベル群の無増悪生存曲線（p 値 < 0.0001,ハザード比：3.345, 95% CI: 1.787-6.261),(b)SPON1 高レベル群と低レベル群の無増悪生存曲線（p 値 < 0.020,ハザード比：1.963, 95% CI: 1.100-3.506),(c)PTN 高レベル群と低レベル群の無増悪生存曲線（p 値 < 0.0001,ハザード比：3.336, 95% CI: 1.833-6.073),(d)TGFB3 高レベル群と低レベル群の無増悪生存曲線（p 値 < 0.046,ハザード比：1.754, 95% CI: 1.003-3.068).(Wang et al.(2017) から引用)

例を 1 つ紹介する.

前立腺癌のスクリーニング検査として通常 PSA 値とグリソンスコアが用いられている.Wang et al. (2017) は,前立腺癌患者の腫瘍組織と正常組織の遺伝子発現量のデータベースを利用した解析と実験を行い,前立腺癌患者の予後と関連している遺伝子を探索した.

436 名の前立腺癌患者の臨床情報 (PFS) と,絞り込んだ候補遺伝子情報（発現量）を保有する別のデータベースを用いて,遺伝子ごとに発現量の高低の部分集団に分けて,無増悪生存率と発現量との関連性を検討した.Wang et al.(2017) の無増悪生存率曲線を図 3.9 に引用する.

時間軸のスケールは,図 3.8 とは異なるが,図 3.9(c) の遺伝子発現量が低いグループの PFS の形状は,図 3.8(b) の右端代入時の形状と類似性

が見られる．図 3.9 では見えにくいが，観察の右側打切りが起きた時点に縦線が表示されている．80 ヶ月以前に多くの観察打切りがあることがわかる．80 ヶ月時の PFS は約 40% で，その後急に減少するような視覚的印象を与えるかもしれないが，前節のシミュレーションの右端代入のように，右側打切りデータの影響により推定値に過小評価のバイアスがある可能性も大きい．

いずれのパネルにおいても，70 ヶ月付近から，図 3.4 の右端代入後の KM 生存率曲線のような急勾配の減少が見られる．これは，第 1 章で説明した KM 法の右側再分配の特性により，右側打切りが多い場合は後期の 1 名のイベント発現の寄与が大きくなっているためではないかと予想される．もしリスク集合の大きさが明記されていたならばこの予想を確認できたであろう．図 3.9(b) では遺伝子発現量 (SPON1) 低グループと高グループの KM 推定曲線が 70 ヶ月以降に交差しているが，期間全体の平均的なハザードは低グループの方が高グループよりも大きかった（高グループに対するハザード比は 1.96（95% 信頼区間 1.10〜3.51））．図 3.9(c) と同様に，リスク集合の大きさを明記してほしかったところである．

第4章

競合リスクが存在するときの累積発現率の推定

　ある個体あるいは被験者など研究対象を経時的に観察し，注目している事象が発生するまでの時間，あるいは経時的な累積発生割合を推定する場面では，注目している事象以外の原因，すなわち競合リスク（競合危険，competing risks）による観察打切りの発生が問題になる．

　第1章で説明したように，推定に偏りを与えない観察打切りは無情報な打切りであり，情報を持つ打切りを無情報な打切りとして取り扱えば推定値に偏りをもたらす．逆に，無情報な打切りであるときのみ，観察打切りを受けた個体のそれ以降の将来のイベントの発現可能性は，そこで観察打切りを受けずに，観察を継続している個体の将来のイベントの発現可能性と変わらないことを仮定できる．追跡不能となり観察が継続できずに観察打切りになる場合や，注目するイベントよりも先にその発現を妨げるイベントが発現して，観察が続けられずに観察打切りになる場合，観察を継続している個体よりもイベントが発現しやすそうな個体が観察打切りされたときに，それらを無情報な打切りとして扱い，カプラン・マイヤー(KM)法で生存率を推定すれば発現率は過小評価される．逆に，観察を継続している個体よりもイベントが発現しにくそうな個体が観察打切りされたときに，それらを無情報な打切りとして扱い，KM法で生存率を推定すれば発現率は過大評価される．無情報でない観察打切りを無情報な打切りとして扱った場合のバイアスの大きさは，Green et al. (2003, p189) などに例示されている．

4.1 競合リスク

一般に，1つのイベントを複数の原因やイベントタイプなどで分類し，複数の原因やイベントタイプのうちいずれか1つの原因またはイベントタイプが観測されると，ほかの原因やイベントタイプは観測できない（観察打切りが起こる）場合がある．このとき，ある原因またはイベントタイプはほかの原因またはイベントタイプとリスクを競合し，競合リスク要因または単に競合リスクと呼ばれる．図 4.1(a) に複数の原因が競合する場合の，図 4.1(b) に複数のイベントタイプが競合する場合の模式図を示した．一方，いずれにおいても，研究期間中ずっと観察を継続して，研究終了時までイベントが起こらないこともある．この場合，以降のイベントの観察を打ち切ることになり，図 4.1(a)(b) の破線で示す無情報な打切りとなる．無情報な打切りの典型的な例は第1章を参照してほしい．

図 4.1(a) の具体例としては，死亡に対して複数の原因（ただし，いずれか1つのみしか観測できない）で分類する場合などがある（図 4.2）．たとえば，心血管系の疾患の治療法または予防法を比較する研究において，心血管系の疾患による死亡までの時間に関心を持つが，ほかの理由（癌，事故など）で死亡してしまう場合がある．それによって「心血管系の疾患による死亡」は観測できなくなる．また，心血管系の疾患により死亡した場合は「ほかの理由による死亡」は観測できない．つまり，「心血管系の疾患による死亡」と「ほかの理由による死亡」は競合リスク要因である（図 4.2）．関心を持つ要因以外を「競合している要因」，「競合しているイベント (competing event)」，「競合しているイベントタイプ」と呼ぶこともある．

次に，1つのイベントを複数のイベントタイプに分類した競合リスク要因の具体例を図 4.3 に示す．白血病患者での骨髄移植治療の失敗までの時間を観察する研究の場合，「治療失敗」を白血病の再発または死亡のうちいずれか先に起こるイベントと定義することが多い．再発した症例でも観察を続ければ死亡は観測可能なイベントであり，死亡により観察は終了する．死亡を「再発前の死亡」と定義することにより「再発」した症例にお

4.1 競合リスク

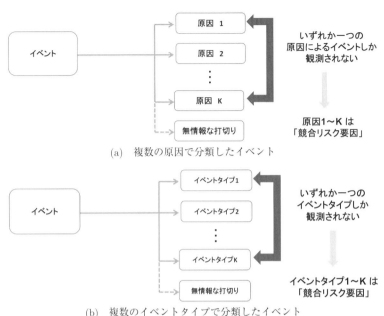

(a) 複数の原因で分類したイベント

(b) 複数のイベントタイプで分類したイベント

図 4.1 競合リスクモデル

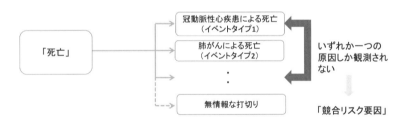

図 4.2 複数の原因で分類した「死亡」

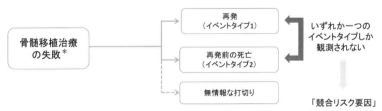

＊治療失敗イベント：「再発」または「再発前の死亡」のいずれか先に起きた方

図 4.3 「骨髄移植治療の失敗」の複数のイベントタイプ

いては「再発前の死亡」は観測できず，「再発前の死亡」症例においては「再発」は観測できない．このようにイベントタイプを定義することにより，それぞれのイベントタイプは競合リスク要因となり，元来の競合リスクモデルの枠組みで取り扱うことができる．もし，ある再発予防方法についての効果を試験したい場合は「再発」に高い関心を持つかもしれない．その場合は「再発前の死亡」が競合しているイベントタイプとなる．

このほか，あるイベントが，注目するイベントの発現確率を変化させてしまうような場合も競合リスク要因と呼ばれる．たとえば，冠動脈狭窄に対してある治療を行ったあとの予後の研究において，死亡，冠動脈バイパス術 (CABG)，経皮的冠動脈インターベンション (PCI) までの時間を評価する場合，PCI を受ければ（そのあとに）CABG を受ける可能性は，PCI を受けなかった場合よりも低下する．また，死亡が先に起これば CABG，または PCI までの時間は観測できない．PCI による発現確率の変化が起こっていない状況での CABG までの時間について高い関心がある場合，イベントを先の例のように，「（死亡や）PCI の前に受けた CABG」などと定義を工夫すれば，死亡／CABG／PCI について競合リスク要因になる関係に導くことができ，それらのイベントの発現確率はほかのイベントによって変化を受けていない．このように，注目するイベントの定義を工夫することにより，競合リスクの枠組みで取り扱うことができる．

競合リスク要因に終了イベント（terminal event：仮にイベント A と呼ぶ）が含まれていて，このイベント A によりほかの競合しているイベント（仮にイベント B と呼ぶが，B, C, ... と複数のイベントであってもよい）の観察打切りが起こるが，ほかの競合しているイベント B(, C, ...) が起きてもこのイベント A の観察は可能な場合がある．たとえば，図 4.3 の例で「死亡」を考えてみよう．白血病患者での骨髄移植治療後に「再発」した症例は，その後死亡する確率が再発しない症例とは異なるであろうが，再発後も「死亡」は観測可能であり，「死亡」によって観察が終了する．「再発前の死亡」が起これば「死亡」が観測されるのはいうまでもない．冠動脈狭窄の治療後に死亡／CABG／PCI までの時間を評価す

4.1 競合リスク

る場合も同様で，PCI を受けた後に CABG を受けることもあるが，観察を継続して行うことは可能で，その後，死亡が起これば観察が終了する．

一般に，注目するイベントがあるイベントの発現確率を変化させてしまうが，注目しているイベントが発現してもそのイベントの観察は継続することができ，終了イベントの発現により観察が終了する（ほかのイベントの観察打切りが起こる）場合，最近では準競合リスク (semi-competing risk) とも呼ばれる．臨床試験や臨床研究では「死亡」が終了イベントになることが多い．観察が終了するという点では「研究期間の終了」も終了イベントとも見なせる．致命的な疾患の臨床試験で，その疾患の悪化による死亡（死因を限定した死亡）に注目する場合，理由を問わない死亡を全死亡と呼ぶことが多い．死因を限定した死亡はすべての被験者で観測できるとは限らないが，全死亡はすべての被験者で観測可能である．

生存関数の推定では KM 法がよく用いられ，イベントを発現していない確率を推定する．そのためであろうか，競合リスク要因による観察打切りが存在する場合にも，注目するイベントの累積発現率を，KM 法により推定したイベント未発現率を 1 から引くこと（この方法を $1 - KME$ と表記する）により推定している医学・生物学の文献が数多く見られる．これは競合リスク要因間の独立性を仮定していることになるが，この仮定は多くの場合データから確認できない．

無情報な打切りは推定に偏りを与えないが，競合リスク要因の間は一般には独立であるとはいえず，競合リスク要因による観察打切りは一般には無情報な打切りとはいえない．競合リスク要因が存在する場合，$1 - KME$ による経時的累積発現率はバイアスが入ることが知られている（たとえば Gaynor et al., 1993; Schwarzer et al., 2001; Southern et al., 2006）．また，たとえ無情報な観察打切りという仮定が正しかったとしても，経時的累積発現率を過大評価し不適切であったり，その解釈には問題があったりすることは，数々の研究者により指摘されている（たとえば Kalbfleisch and Prentice, 1980; Gaynor et al., 1993; Pepe and Mori, 1993）．これについては後の節で改めて詳しく述べる．

4.2 競合リスクの数値例

図 4.2 のような死因を限定した死亡や，図 4.3 の骨髄移植治療の再発までの時間は，臨床試験では有効性の評価指標とされることが多い．治療法の評価は有効性と安全性の観点が必要であるが，安全性評価でも競合リスクの問題があることは，有効性の評価の場合ほどには知られていないようである．数値例として安全性評価データを用いるので，その医学的背景をまず簡単に説明する．

4.2.1 臨床試験における有害事象

臨床試験の途中で起こるあらゆる好ましくない事象は，介入処理（たとえば，薬剤や放射線などによる治療）との因果関係の有無によらず有害事象 (AE: adverse event) と呼ばれる．介入処理の安全性は，おもに，どのような AE（臨床検査値の異常変動を含む）がどのくらいの強度（重症度，グレード）や頻度でいつごろから発現し，それが対処可能か，また，治療のベネフィットを鑑みてその AE（リスク）が許容できる程度であるか否かなどにより評価される．

臨床試験では，通常はすべての AE について事象が発現するたびに内容，発現日／消失日，重症度（グレード），処置，転帰，重篤性評価，介入処理との関連性等が記録される．たとえば，癌は，1982 年以来，日本人の死因の第 1 位であり，今や死亡原因の 50% 以上を占めるようになっている．癌治療では下痢，嘔吐，発熱等の AE が頻発する．治療によっては白血球数減少等も起こる．これら AE の経時的発現状況を知ることは，適切な治療を行う上で大切である．一方，このような治療の臨床試験においては，ある AE が起こる前に別な AE や有効性の問題，同意の撤回等の理由で，治療を中止したり，試験を中止したりする症例も珍しくない．

図 4.4 に観察期間を固定した試験における AE の経時的な発現状況を例示した．規定された最後の治療（介入処理）からある一定期間の観察期間を経て試験期間が終了となる．話を簡単にするために AE は 2 種類に限

4.2 競合リスクの数値例

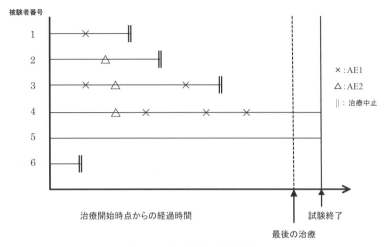

図 4.4 有害事象の発現状況

定して表示している．1.1.1 項で説明したように，被験者の登録時点はカレンダー時間では通常は同時ではないので，図 4.4 では時間の起点は被験者ごとの治療の開始時点としている．図 4.4 において被験者 3,4 では同じ AE1 が何度も繰り返し発現している一方，被験者 5 のように何の AE も発現しない被験者もいる．ある AE が発現したあとに治療が中止になった被験者 (1,2,3) もいれば，いずれの AE も経験せずに治療中止になった被験者 (6) もいる．

AE 発現状況は AE ごとに，または器官大分類 (system organ class) 等の区分ごとに要約される．AE が頻発するような治療域や治療法では，このほか，AE ごとに重症度がある一定以上に重い AE に限定して同様の要約を行うことも多い．たとえば，癌の治療では，白血球数減少のような血液学的 AE か，下痢，嘔吐のような非血液学的 AE かによって許容できるグレードの目安が別々に定められている．このような場合，許容限界のグレード以上の AE に限定した要約なども行う．経時的発現状況の解析対象とするある特定の AE（発熱，下痢など），またはある分類区分でまとめられた AE（消化器系 AE など）を，ここでは AE1 と呼ぶことにする．時間の起点は治療割り付け時点または被験治療の第 1 回目開始時点

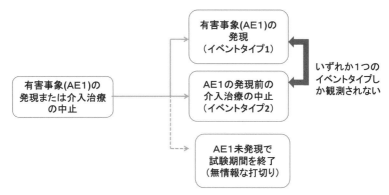

図 4.5 臨床試験における安全性評価での競合リスク：有害事象の発現または介入治療の中止

等，適切に定める．

　一般に，何らかの理由により，計画された試験終了時点の前に介入処理（たとえば，薬剤や放射線などによる治療）を中止することになった場合，中止のあとには AE は起こらない（厳密には遅発性 AE が起こることはあるが）．AE を許容できなくなり，それ以上発現するのを回避したいために介入処理を中止することもある．関心を持つイベント (event of interest) は AE1 の発現であり，介入処理の中止は競合している要因である．図 4.4 の被験者 1～被験者 4 のように，AE1 が発現した被験者でもそれが許容できれば介入処理を継続することも多い．しかし，その後，何らかの理由で介入処理を中止することもある．AE1 を発現しても介入処理の中止は観測可能であるから，「介入処理の中止」にとっては AE1 は競合している要因というわけではない．AE1 の発現と介入処理の中止は，準競合リスクになる．実際には起こらないことの仮定であるが，もしこれらの被験者が介入処理（介入治療）を中止しなかったとしたら，治療を中止することのなかった被験者と治療を中止するような状況になった被験者とは，それ以降の AE1 の起こりやすさは一般には異なるであろう．このことは，治療中止による AE1 の観察中途打切りは無情報な打切りではないことを示唆している．

　そこで，ある有害事象 AE1 の発現に関心を持つ場合，イベントを「初

発 AE1 の発現」または「初発 AE1 の発現前の中止」と定義することにより，実際にはいずれか先に起こるイベントのみ観測できることになる．単なる「介入処理の中止」であれば，「初発 AE1 の発現」が観測された後でも観測は可能であり互いに競合しているわけではないが，「初発 AE1 の発現」と「初発 AE1 の発現前の中止」をそれぞれイベントタイプとして扱えば，競合リスクの枠組みで取り扱うことができる（図 4.5）．

4.2.2 カプラン・マイヤー法による意外な結果

> **例題 4.1**

Nishikawa et al.(2006) は，ある癌の臨床試験で介入治療を受けた 25 名の被験者の割り付け（治療開始）から注目しているイベントタイプ AE1 が発現するまでの時間とその重症度の記録例を示した．数名の被験者は AE1 を複数回発現しているが，初発 AE1 の発現のみに注目をし，初発 AE1，初発 AE1 の重症度，介入治療中止（以降，治療中止，または中止と略す）または試験終了までの時間を Nishikawa et al.(2006) から抜粋して表 4.1 に示す．

被験者 1 は AE1 を発現せずに（初発 AE1 前に），試験開始から 60 日目に治療を中止している．被験者 2 は 119 日目に AE1 を発現し，その後，試験開始から 133 日目に治療を中止している．被験者 3 も AE1 を発現後に治療を中止している．被験者 4, 5, 6 は初発 AE1 前に治療を中止している．一方，被験者 18 や 25 は AE1 も発現せず，治療中止もせずに，試験開始からそれぞれ 142 日目および 141 日目に規定の試験期間の観察を終了している．被験者 21, 22, 23, 24 は初発 AE1 を発現しているが治療中止はせずに，規定の試験期間の観察を終了している．規定の試験期間の終了日がこれらの間で異なるのは，研究計画により，最終の観察日に ±10 日程度のズレの許容幅を設定しているためである．

一般に，KM 法は，イベント（死亡）を発現していない確率（生存率）を推定するので，「イベントの累積発現率を KM 法を用いて推定する」という表現は正確ではないだろう．正確には，KM 法により推定したイベ

表 4.1 イベント発現までの時間とイベントタイプの数値例

被験者番号	イベント		
	タイプ *1)	重症度 *2)	発現時間（日）
1	2		60
2	1	1	119
2	2		133
3	1	1	100
3	2		112
4	2		30
5	2		61
6	2		31
7	1	1	105
7	2		133
8	1	2	63
8	2		73
9	1	1	69
9	2		100
10	1	1	70
10	2		77
11	2		93
12	2		83
13	2		35
14	2		12
15	1	2	58
15	2		73
16	2		43
17	2		36
18	0		142
19	2		120
20	2		80
21	1	1	140
21	0		143
22	1	2	144
22	0		150
23	1	1	147
23	0		150
24	1	2	130
24	0		137
25	0		141

*1) イベントタイプ 1：初発 AE1，2：治療中止，0：規定の試験期間を終了
*2) 重症度 1：中等度，2：重症（イベントタイプ $\neq$ 1 の場合は該当しない）

4.2 競合リスクの数値例

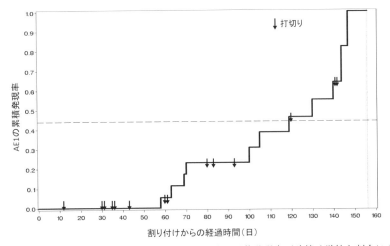

図 4.6 $1-KME$ で推定した初発 AE1 の経時的累積発現率（破線は単純な割合により計算した発現率）

ント未発現率を 1 から引いて，イベントの累積発現率を推定する（$1-KME$）．

まず，注目する AE1 の初発を AE1 の発現時間と定義し，AE1 の初発前の治療中止を無情報な観察打切りと仮定し，AE1 の経時的累積発現率を $1-KME$ で推定した結果を見てみよう（図 4.6）．25 名中 11 名に AE1 が発現しているので，単純な割合により計算した発現率は 0.44（図 4.6 の破線）である．図 4.6 の矢印は，AE1 が発現する前に観察打切りになった被験者がいる時点を示している．130 日以前の矢印はすべて，初発 AE1 の発現前の中止によって AE1 の観察が打切りになった被験者たちに該当する時点である．一方，140 日以降の矢印はすべて，規定の試験期間の観察を終了し，AE1 の観察が打切りになった被験者 (18, 25) に該当する時点であり，典型的な無情報な打切りである．$t=147$（割り付けから 147 日目）で $1-KME$ によって推定した経時的累積発現率は 1 になっている．

次に，競合リスクの枠組みで，イベントを「初発 AE1 の発現」または，「初発 AE1 の発現前の中止」のいずれか先に起きたものと定義すれば，被験者 1～7 のイベント発現までの時間はそれぞれ 60 日，119 日，100 日，

30 日，61 日，31 日，105 日であり，被験者 21, 22 ではそれぞれ 140 日，144 日となる．被験者 18, 25 はイベントが発現せずに規定の観察期間をそれぞれ 142 日，141 日で終了し，イベント発現までの観察は打ち切られている（無情報な打切り）．以降の節では，競合リスク要因が存在する場合の分布の要約をまず解説し，次に経時的累積発現率の推定方法を説明する．

4.3 イベント発現までの時間の分布の要約

競合リスクが存在する下でのイベント発現までの時間の解析法では，競合リスク要因は同時に発現しないこと（ゆえに競合しているわけだが）を条件としている．競合するイベントの発現までの時間の測定誤差や丸めの誤差などでタイが起こる場合の取り扱いについては，イベントのカテゴリーのグループ化などを行い，競合リスク要因は同時に起こらないようにイベントのカテゴリーの定義をし直したり，小さな数を一様乱数を用いて生成させ，それをタイデータから増加または減少させてタイをなくす方法 (jittering) なども提案されている．そのようにして，イベントの原因またはタイプが，重複しない m 個に分類できたと仮定する．競合リスク間の関係は一般には独立ではない．

第 1 章の結果と対比させやすいように，次のように第 1 章の記号の定義を少し変更し，いくつかの新しい記号を定義する．T を観察の起点から互いに競合するイベントのうち，いずれか最初のイベントが起きるまでの時間とし，連続型変数であると仮定する．$J(J = 1, \ldots, m)$ を競合リスク要因の原因またはタイプのカテゴリーとする．競合リスク要因は m 個の重複しないいずれか 1 つのカテゴリーに入るものとする．観察打切りまでの時間は，たとえば計画された観察期間の長さのように，無情報な打切りであることを仮定する．

競合リスクのモデルにおいて重要な概念は，時間 $T = t$ まで生存していたときに，次の瞬間に原因 j によるイベントまたはイベントタイプ j が起こる率を意味する原因別ハザード (cause-specific hazard) 関数であり，

次式で定義される.

$$\lambda_j(t) = \lim_{\Delta t \to 0} \frac{P(t \le T < t+\Delta t, J=j|T \ge t)}{\Delta t}, \quad j=1,\ldots,m.$$

タイプ別ハザード (type-specific hazard),機序別ハザード (mode-specific hazard) とも呼ばれるが,ここでは原因別ハザードと呼ぶ.原因別ハザードの「率」の解釈は式 (1.1) について述べたことと同様であるので,使い方と意味は 1.1.3 項 (1) を参照してほしい.

イベントの原因を区別しない全ハザード (overall hazard),原因 j による原因別累積ハザード,全累積ハザード (overall cumulative hazard) がそれぞれ以下のように定義される ($j=1,\ldots,m,$).

$$\lambda(t) = \sum_{j=1}^{m} \lambda_j(t),$$

$$\Lambda_j(t) = \int_0^t \lambda_j(s)ds,$$

$$\Lambda(t) = \sum_{j=1}^{m} \Lambda_j(t).$$

$\lambda(t)$ は,次のように,式 (1.1) で記号 $h(t)$ により定義したハザードと同じものになる.すなわち,

$$\lambda(t) = \lim_{\Delta t \to 0} \frac{P(t \le T < t+\Delta t \mid T \ge t)}{\Delta t}. \qquad (1.1\,\text{再掲})$$

原因 j によるイベントが時間 t までに発現する確率を意味する,原因 j (によるイベント) の累積発生関数 (cumulative incidence function, CIF) は次式で定義される (Kalbfleisch and Prentice, 1980).

$$I_j(t) = P(T<t, J=j) = \int_0^t \lambda_j(u)S(u)du, \quad j=1,\ldots,m. \qquad (4.1)$$

ここで

$$S(t) = \exp\left\{-\int_0^t \left(\sum_{j=1}^{m} \lambda_j(u)\right) du\right\} \qquad (4.2)$$

であり,$S(t)$ は時間 t までにいずれのイベントも発現していない被験者

の割合である．関数として，$S(t)$ は（一般的な意味で）全生存率（全生存割合，overall survival），無イベント率と呼ばれる．図 4.5 の競合リスクモデルでは，時間 t までに「初発 AE1 の発現」または「初発 AE1 の発現前の中止」のいずれのイベントも発現していない被験者の割合に相当する．図 4.3 の競合リスクモデルのように，イベントの定義を「再発」または「再発前の死亡」とするような物理的な死亡がイベントに含まれている場合，$S(t)$ は，定義されたいずれのイベントも時間 t までに発現していない被験者の割合ということであるから，医学的な意味合いは無イベント生存率 (event-free survival) または無病生存率 (disease-free survival) である．図 4.3 のような場合には，医学的な意味での全生存率は「再発」の有無に関係なく，時間 t までに生存している被験者の割合を意味するので，これらを混同しないように注意が必要である．式 (4.1) の $I_j(t)$ は部分分布 (subdistribution) と呼ばれることもある．これは競合リスクの発生により $I_j(1) < 1$ となり，厳密には分布関数にはならないことに由来する．次の関係が成立する．

$$1 - S(t) = \sum_{j=1}^{m} I_j(t),$$

右辺は全（事象）累積発生関数 (overall incidence function) に相当する．そのほか，競合リスクが存在しないときと類似した関数である原因 j の部分密度 (subdensity) と原因 j の部分分布のハザード (subdistribution hazard) がそれぞれ以下のように定義できるが，競合リスクが存在しないときと解釈が異なってくる．

$$f_j(t) = \lim_{\Delta t \to 0} \frac{P(t \leq T < t + \Delta t, J = j)}{\Delta t}$$
$$= \lambda_j(t) S(t) = \lambda_j(t) \exp(-\Lambda(t)),$$
$$\gamma_j(t) = \frac{-d(\log(1 - I_j(t)))}{dt}.$$

イベント発現までの時間の分布の要約として，上述のほかに Pepe and Mori(1993) により提唱された原因 j の条件付き確率 $CP_j(t)$ がある．

$CP_j(t)$ は，競合リスクが存在するときに，原因 j と競合している要因である，j 以外の原因によるイベントを起こしていないという条件で，原因 j によるイベントが時間 t までに発現する確率となる．別な言い方をすれば，$CP_j(t)$ は，競合しているイベントを起こさず観察を継続できている個体が，原因 j によるイベントを時間 t までに発現する確率を与える．次式で定義できる．

$$CP_j(t) = \frac{P(T<t, J=j)}{1-P(T<t, J\neq j)}$$
$$= \frac{I_j(t)}{1-\sum_{k=1,\ldots,m, k\neq j} I_k(t)}.$$

分母の 2 項目は，時間 t までに原因 j を除くいずれかの原因によるイベントタイプが発現する CIF の和を求めている．競合リスクが存在する下でのイベント発現までの時間の解析に関しては Kalbfleisch and Prentice (1980, 2002), Lawless (2003), Klein and Moeschberger (1997), Marubini and Valsecchi (2004), Pintilie (2006) に詳しい解説がされている．ただし，Pintilie (2006) は記号の定義に矛盾も散見され，わかりにくい部分があるので注意が必要である．

4.4 累積発生関数の推定

最初に，数値例を用いて累積発生関数 (CIF) の推定方法を述べる．その後で上記の書籍等で目にする一般的な推定方法を説明する．

4.4.1 数値例を用いた推定

CIF は累積発生関数推定量 (cumulative incidence function estimator, CIFE) により推定される．生データとしては，イベント発現までの時間，もしくは観察が中途打切りになる（打切り）までの時間，およびその時間がイベントであるのか，打切りであるのかを見分けるコード，イベントであればそのイベントタイプを示すデータが必要となる．データを用いてCIFE によって推定した値を CIF 推定値 (estimate) と呼ぶ．例題 4.1 の

数値例に対して，イベントを「初発 AE1 の発現」または「初発 AE1 の発現前の中止」のいずれか先に起きた事象とし，「初発 AE1 の発現」をイベントタイプ 1，「初発 AE1 の発現前の中止」をイベントタイプ 2 とする．表 4.1 のデータは被験者番号の順であったので，これを用いてイベント発現または打切りまでの時間の昇順に並べ替えると，表 4.2 の左から 1 列目のようになる．

CIF を推定するためには，まず，イベントタイプを区別せずに，その時点の直前までいずれのイベントも発現していない割合（全体としての無イベント率）を求める．イベントタイプ 2 である中止により AE1 の観察は打ち切られるが，中止は必ずしも無情報な打切りではない．また，中止した被験者では AE1 が起こらないので，観察を継続している被験者の AE1 の起こりやすさとは同じではない．一方，表 4.2 においてイベントタイプが 0 である計画された観察期間の満了による観察打切りは，典型的な無情報な打切りである．全体としての無イベント率 $S(t)$ の推定には KM 法を用いるが，そこではイベントタイプ 1, 2 の時間はイベント扱いをし，表 4.2 のイベントタイプが 0 の時間を右側打切り（打切り）として扱う．KM 法による無イベント率の推定値を表 4.2 の右端列に示す．$\hat{S}(t)$ は，時間 t の直前までの無イベント率として解釈する．表 1.4 の累積生存率と見比べると，表 4.2 の無イベント率は表 1.4 の累積生存率の各行が 1 行下にずれたものであることがわかる．たとえば，表 4.2 では最初のイベントが 12 日目に観測されているので，その直前の時間まではいずれのイベントも起こっていない．したがって右端列の無イベント率は 1 である．2 番目のイベントは 30 日目に観測されている．その直前の時間までいずれのイベントも起こしていないのは 12 日目にイベントを起こした被験者 1 名を除く 24 名であるから，12 日目直後から 30 日目直前までの無イベント率は，表 1.4 の場合と同様の考えで $1 - \frac{1}{25} = \frac{24}{25} (= 0.96)$ である．式 (1.8) 表現を流用すれば，$12 \leq t < 30$ では，

$$\hat{S}(t) = \hat{S}(12) = \hat{S}(0) \cdot \left(1 - \frac{1}{25}\right) = 1 \cdot \frac{24}{25} = 0.96 = \hat{S}(30-)$$

となる．ここで 30 の右側の −（マイナス）は「30 の直前の時間」の意味

4.4 累積発生関数の推定

表 4.2　例題 4.1 の無イベント率の計算

時間（日）	イベントタイプ[1]	リスク集合の大きさ	合計のイベント数	全体としての無イベント率推定値[2]
12	2	25	1	1
30	2	24	1	0.96
31	2	23	1	0.92
35	2	22	1	0.88
36	2	21	1	0.84
43	2	20	1	0.8
58	1	19	1	0.76
60	2	18	1	0.72
61	2	17	1	0.68
63	1	16	1	0.64
69	1	15	1	0.6
70	1	14	1	0.56
80	2	13	1	0.52
83	2	12	1	0.48
93	2	11	1	0.44
100	1	10	1	0.4
105	1	9	1	0.36
119	1	8	1	0.32
120	2	7	1	0.28
130	1	6	1	0.24
140	1	5	1	0.2
141	0	4	0	0.16
142	0	3	0	0.16
144	1	2	1	0.16
147	1	1	1	0.08

[1] イベントタイプ 1：初発 AE1，2：初発 AE1 前の中止，
　0：AE1 未発現で試験期間を終了
[2] その時点の直前までの時間での無イベント率 $\hat{S}(t)$

である．$t = 30$ でイベントが 1 例発現しているので，$30 \leq t < 31$ では，

$$\hat{S}(t) = \hat{S}(30) = \hat{S}(12) \cdot \frac{23}{24} = 0.92 = \hat{S}(31-)$$

となる．以降の時点でも同様にして，それらの時点の条件付き生存率を掛けていくことで無イベント率（累積生存率）が得られる．このように，KM 法はその仮定が満たされれば狭義の生存率のみではなく，イベント

を発現していない経時的な割合の一般的な推定方法として利用できる.

次に，イベントタイプごとの CIF の推定を行う．数式の表現としては，式 (4.1) の $\int$（積分）を Σ（総和）に置き換える．すなわち，イベントまたは打切りが観測された時点ごとに $\lambda_j(u)$ と $S(u)$ の推定値を更新してそれらの積を計算し，直前までの時点の CIF 推定値に累積する．推定では，イベント発現までの時間が離散的に観測されるので，和を累積していく離散型時間扱いとなる．

表 4.2 ではイベントタイプの区別のみを示していたが，表 4.3 にそれぞれのイベントタイプごとに推定の過程を示す．CIF の推定には全体としての無イベント率を用いるので，表 4.3 の 4 列目に表 4.2 で求めた結果を表示している．

表 4.3 の右の列に，イベントまたは打切りが観測された時点 t ごとに，イベントタイプ 1 およびイベントタイプ 2 の原因別ハザード ($\lambda_1(t), \lambda_2(t)$)，その時点での CIFE の増加幅 ($\theta_1(t), \theta_2(t)$)，その時点までの CIFE($I_1(t), I_2(t)$) を示す．観測データは時間の単位を用いて離散的に記録されているので，推定の際にはイベント発現までの時間を離散型データとして扱うことになるのは第 1 章と同様である．離散型のデータの原因 j の原因別ハザードは，その時点の直前まで生存していた（イベントを発現していない）という条件の下で，その時点で原因 j により死亡する（イベントタイプ j が発現する）条件付き確率の意味を持つ．リスク集合の大きさに対するイベントタイプ j を発現した数の割合により推定する．増加幅 $\theta_1(t), \theta_2(t)$ は，その時点での原因別ハザードと全体としての無イベント率の積で，その時点に各イベントタイプが発現する確率に相当する．その時点までの累積発生関数 $I_1(t), I_2(t)$ は，それ以前のそれぞれのイベントタイプが発現した時点での発生確率 ($\theta_1(t), \theta_2(t)$) を，イベントタイプごとに合計したものである．直前の時点までの CIFE に当該時点の CIFE の増加幅を加えればよい．以降，推定値であることが明らかな場合は，推定値であることを示す ^（ハット）は省略する．たとえば，表 4.3 において $t = 30$ ではリスク集合の大きさは 24（名）で，イベントタイプ 2 が 1 名に発現している．よって，イベントタイプ 2 の原因別ハ

4.4 累積発生関数の推定

表 4.3 例題 4.1 の CIFE の計算

発現時間(日)	リスク集合の大きさ	合計のイベント数	全体としてのイベント率	イベント数	λ_1 推定値	θ_1 推定値	I_1 推定値	イベント数	λ_2 推定値	θ_2 推定値	I_2 推定値
				イベントタイプ1				イベントタイプ2			
12	25	1	1	0	0	0	0	1	0.040	0.04	0.04
30	24	1	0.96	0	0	0	0	1	0.042	0.04	0.08
31	23	1	0.92	0	0	0	0	1	0.043	0.04	0.12
35	22	1	0.88	0	0	0	0	1	0.045	0.04	0.16
36	21	1	0.84	0	0	0	0	1	0.048	0.04	0.2
43	20	1	0.8	0	0	0	0	1	0.050	0.04	0.24
58	19	1	0.76	1	0.053	0.04	0.04	0	0	0	0.24
60	18	1	0.72	0	0.000	0	0.04	1	0.056	0.04	0.28
61	17	1	0.68	0	0.000	0	0.04	1	0.059	0.04	0.32
63	16	1	0.64	1	0.063	0.04	0.08	0	0	0	0.32
69	15	1	0.6	1	0.067	0.04	0.12	0	0	0	0.32
70	14	1	0.56	1	0.071	0.04	0.16	0	0	0	0.32
80	13	1	0.52	0	0	0	0.16	1	0.077	0.04	0.36
83	12	1	0.48	0	0	0	0.16	1	0.083	0.04	0.4
93	11	1	0.44	0	0	0	0.16	1	0.091	0.04	0.44
100	10	1	0.4	1	0.100	0.04	0.2	0	0	0	0.44
105	9	1	0.36	1	0.111	0.04	0.24	0	0	0	0.44
119	8	1	0.32	1	0.125	0.04	0.28	0	0	0	0.44
120	7	1	0.28	0	0	0	0.28	1	0.143	0.04	0.48
130	6	1	0.24	1	0.167	0.04	0.32	0	0	0	0.48
140	5	1	0.2	1	0.200	0.04	0.36	0	0	0	0.48
141	4	0	0.16	0	0.000	0	0.36	0	0	0	0.48
142	3	0	0.16	0	0.000	0	0.36	0	0	0	0.48
144	2	1	0.16	1	0.500	0.08	0.44	0	0	0	0.48
147	1	1	0.08	1	1.000	0.08	0.52	0	0	0	0.48

※ $\lambda_1, \lambda_2, \theta_1, \theta_2, I_1, I_2$ の定義は本文を参照のこと.

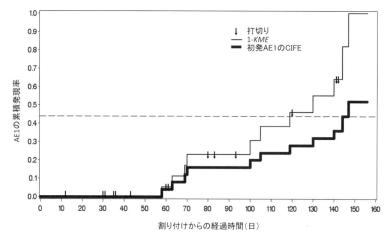

図 4.7 CIFE および $1-KME$ で推定した初発 AE1 の経時的累積発現率

ザードは $\lambda_2(30) = \frac{1}{24} = 0.0417$ である.$t = 30$ での CIFE の増加幅は $\lambda_2(30)$ と $S(30-)$ の積で,$\theta_2(30) = \frac{1}{24} \cdot \frac{24}{25} = \frac{1}{25} = 0.04 (= 0.0417 \cdot 0.96)$ である.また,$I_2(30) = I_2(12) + \theta_2(30) = 0.04 + 0.04 = 0.08$ となる.

図 4.6 の $1-KME$ による推定値とイベントタイプ 1 の CIFE を同一のグラフ上に示す(図 4.7).

競合リスクモデルでの解析の視覚的な要約として CIFE のみを表示している文献は数多いが,結果の解釈には競合しているイベントの発現状況を見ておくことが重要である.この観点から有用な表示方法が Pepe and Mori (1993), Betensky and Schoenfeld (2001), Nishikawa et al. (2006) などにより工夫されている.Nishikawa et al. (2006) の表示方法を紹介する.

図 4.8 に例題 4.1 の数値を用いて,イベントタイプ 1(初発 AE1 の発現)およびイベントタイプ 2(初発 AE1 の発現前の中止)の CIFE を示した.図 4.8 では注目しているイベントタイプ 1 の累積発現率は左側の縦軸で読むが,イベントタイプ 1 と競合しているイベントタイプ 2 の累積発現率は右側の縦軸で読む.右側の縦軸は下方向へ向かって増加を示す.競合するイベントの累積発生率曲線を左側の軸で読めば,それは注目しているイベントを発現する可能性を持つ被験者の,全被験者に対する経時的

4.4 累積発生関数の推定

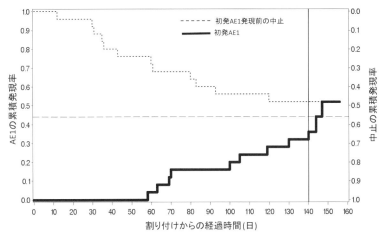

図 4.8 CIFE で推定した初発 AE1 の発現および「初発 AE1 の発現前の中止」のシーリングプロット

な割合となる．これが各時点での注目するイベントの累積発現率の最大値（天井）となるのでシーリングプロットとも呼ばれる．左縦軸での破線と実線の距離は，ある時点 t までに観察を継続していて注目しているイベントも競合するイベントもまだ発現していない被験者の，全被験者に対する経時的な割合 $S(t)$ を示す．$I_1(t)+I_2(t) \leq 1$ という制約があるので，$I_2(t)$ が増大すれば $I_1(t)$ は増えることができない．すなわち，競合しているイベントが多発すれば，注目しているイベントの発現は多くならない．たとえば，$t=140$（図 4.8 の縦線）では，いずれのイベントタイプも発現せず観察を継続している被験者がいる（リスク集合の大きさは 0 ではない）ので，$\hat{I}_1(140) + \hat{I}_2(140) < 1$ となり $\hat{I}_1$ と $\hat{I}_2$ はグラフ上では重ならない．図 4.8 では $t=147$ で $\hat{I}_1(t)$ が上昇し，$\hat{I}_2(t)$ と重なる．$t=147$ まで観察を継続すれば，被験者の全員において注目しているイベントまたは競合するイベントが発現していることがわかる．

$CP_1(t), CP_2(t)$ の推定値はそれぞれ $\hat{I}_1(t)/(1-\hat{I}_2(t))$, $\hat{I}_2(t)/(1-\hat{I}_1(t))$ により求められる．図 4.8 では左縦軸で読む破線に対する実線の比率がイベントタイプ 1 の「条件付き確率」$CP_1(t)$ となる．競合しているイベントが発現せずに観察を継続できた場合，$t=147$ までにその全員におい

て注目しているイベントが発現していることがわかる．Pepe and Mori (1993) では複数の要約グラフを示しながら，それらの使い分けが検討されているのでそちらも参照してほしい．

4.4.2 一般的な推定方法

ここまで，例題を用いて CIFE による経時的累積発現率の推定方法を述べてきた．一般的には，CIFE は以下のような手順で行う．

観察される被験者数を n 名とする．被験者 $i, i = 1,\ldots,n$ について，t_i を，観察の起点から互いに競合しているイベントタイプ（競合リスク要因）のうちいずれか最初のイベントタイプ，または観察打切りの，いずれか先に観測された時間とする．ここでは連続型変数であると仮定する．δ_i を，t_i が競合しているいずれかのイベントタイプの発現までの時間であれば 1，観察打切りまでの時間であれば 0 をとる変数とする．観察打切りはこれまでのように，イベント発現までの時間とは独立（無情報な打切り）であることを仮定する（たとえば，計画された観察期間終了による観察打切り）．$j_i \in \{1,\ldots,m\}$ を，競合リスク要因の原因またはタイプのカテゴリーとする．競合リスク要因間の関係は独立である必要はない．

被験者 $i, i = 1,\ldots,n$ について観測されるデータは (t_i, δ_i, j_i) の組となっている．ただし，$\delta_i = 0$ のときは j_i は定まらない．1.2.2 項における KM 法の表現方法 B と同様に，原因 j のイベントを発現した数は，時点ごとに集計する．同じ時点で重複した集計は行わないので，原因 j のイベントが発現した時間にタイがある場合には 1 つを残して時点の表示に重複がないように昇順に並べる．他のイベントタイプとのタイは問わない．昇順の時間を，昇順の順序を添え字として $t_{j(1)} < t_{j(2)} < \cdots < t_{j(i)} < \cdots$ のようにかっこを付けた添え字として対応付ける．このとき原因 j の CIF は次式[1]で推定される．

---

[1] $\sum_{i:t_{j(i)} \leq t}$ で示す足し算は，$t_{j(1)} \leq t, t_{j(2)} \leq t,\ldots$ と，添え字の i を 1 から 1 ずつ増やしていき，$t_{j(i)} \leq t$ が成立するような i の数値を順次項に代入して，全部の項を加えていく，という意味である．

$$\hat{I}_j(t) = \sum_{i:t_{j(i)} \leq t} \frac{d_{ji}}{N_{ji}} \hat{S}(t_{j(i)}-), \quad j = 1, \ldots, m. \tag{4.3}$$

ここで，d_{ji} は時間 $t_{j(i)}$ で原因 j のイベントを発現した被験者数，N_{ji} は $t_{j(i)}$ の直前までいずれのイベントも発現せず，観察を継続している被験者数（リスク集合の大きさ）である．

$\hat{S}(t-)$ は時間 t の直前までにいずれのイベントも発現していない確率の推定値で，$(t_i, \delta_i), i = 1, \ldots, n$ を用いた KM 法による左連続の生存関数推定値に相当する．$S(t)$ を推定する際，$\delta_i = 0$ の被験者の t_i が観察打切り（無情報な打切り）時間として取り扱われる．観察打切り時間が競合するいずれのイベント発現までの時間とも独立であることは，$\hat{S}(t)$ が不偏であるために必要な条件である．$\hat{S}(t_{j(i)}-)$ は，第 1 章で述べた KM 法により $\hat{S}(t)$ を求めて，時点 t として原因 j の i 番目のイベントが発現した時間 $t_{j(i)}$ の直前の時点を代入することを意味する．式 (4.3) による CIFE の表現は 1.2.2 項で述べた一般的な KM 法の表現方法 B に相当する．ただし，$\hat{S}(t)$ を求めるには 1.2.2 項の表現方法 A，B，C，D のいずれを用いても同一の推定値を得ることができる．

次に，KM 法の表現方法 C に相当する式表現も示しておく．新たに，記号 b_{ji} を被験者 i の原因 j によるイベントタイプについての発現または観察打切りを示す変数とする．

$$b_{ji} = \begin{cases} 1 & j_i = 1 \text{ かつ } \delta_i = 1 \\ 0 & \text{その他} \end{cases}$$

被験者ごとに m 個のイベントタイプの発現または観察打切りを示す変数ができるが，同一被験者内で $b_{ji} = 1$ となる $b_{1i}, b_{2i}, \ldots, b_{mi}$ は高々 1 つで，ほかは全部 0 となる．この変数に関する観察打切りは，競合リスクのために原因 j のイベントが観測されない場合を含むので，無情報な打切りとは限らない．

観測されたイベント発現までの時間 t_i を（イベントタイプによらず）昇順に並べ替えて添え字を付け，昇順の順序を添え字として $t_{(1)} \leq t_{(2)} \leq$

$\cdots \leq t_{(i)} \leq \cdots \leq t_{(n)}$ のようにかっこを付けた添え字として対応付ける.観察打切りとイベント発現が同じ時間でタイとなる場合,第 1 章と同様にイベント発現を先として取り扱う.これらの時間に対応した被験者の観察打切りの変数も並べ替えて同様に,$\delta_{(1)}, \delta_{(2)}, \ldots, \delta_{(n)}$ と添え字を付け直す.$t_{(i)}$ に対応した被験者の,原因 j によるイベントタイプの観察打切りの変数も同様に $b_{j(i)}$ と添え字を付け直す.このとき,1.2.2 項で述べた方法 C に相当する原因 j の CIFE は次式で表現される.

$$\hat{I}_j(t) = \sum_{i:t_{(i)} \leq t} \frac{b_{j(i)}}{N_i} \hat{S}(t_{(i)}-), \quad j = 1, \ldots, m.$$

N_i は $t_{(i)}$ の直前までにいずれのイベントも発現せず,観察を継続している被験者数(リスク集合の大きさ)である.

特別な場合として,計画された観察期間はすべての被験者に対して t_{last} で固定である場合(タイプ I 打切りの 1 つ,たとえば,$t_{\text{last}} = 24$ 週)を考える.そのとき次式が成立する.

$$\hat{I}_j(t) = \sum_{i:t_{j(i)} \leq t} \frac{b_{ji}}{n}, \quad t < t_{\text{last}}, \quad j = 1, \ldots, m. \tag{4.4}$$

1.2.2 項で述べた方法 C に相当する原因 j の CIFE の表現をする場合は,

$$\hat{I}_j(t) = \sum_{i:t_{(i)} \leq t} \frac{b_{j(i)}}{n}, \quad t < t_{\text{last}}, \quad j = 1, \ldots, m.$$

となる.ここで,n は試験に組み込まれた全被験者数である.すなわち,原因 j の CIFE は,時間 t までに原因 j のイベントを発現した被験者の割合と等しくなる.

原因 j のいずれかのイベントを発現する前に試験の中止など無情報な打切りといえない観察打切りが生じた場合,図 4.8 のイベントタイプ 2 のように,これらの打切りをまとめてグループ化して 1 つの競合リスク要因として取り扱い,注目しているイベントタイプの CIFE とともに競合しているイベントの CIFE も報告するとよいであろう.観察打切りの理由

を加味する場合は，理由別の CIFE を求めるとよいであろう．

$\hat{I}_j(t)$ の標準誤差 (SE) は Dinse and Larson(1986) の式などいくつかの方法により推定できるが，一般に計算式は複雑になる．Dinse and Larson (1986) の式を以下に示す．$t_{(i-1)} \leq t < t_{(i)}$ である t に対して，

$$Var(\hat{I}_j(t)) = \sum_{r=1}^{i-1} \hat{\theta}_{jr}^2 \left\{ \frac{N_r - b_{j(r)}}{b_{j(r)}N_r} + \sum_{\ell=1}^{r-1} \frac{\delta_{(\ell)}}{N_\ell(N_\ell - \delta_{(\ell)})} \right\}$$
$$+ 2\sum_{r=1}^{i-1} \sum_{r'=r+1}^{i-2} \hat{\theta}_{jr}\hat{\theta}_{jr'} \left\{ -\frac{1}{N_r} + \sum_{\ell=1}^{r-1} \frac{\delta_{(\ell)}}{N_\ell(N_\ell - \delta_{(\ell)})} \right\},$$

ここで，

$$\hat{\theta}_{ji} = \frac{b_{j(i)}}{N_i} \hat{S}(t_{(i)}).$$

SE は分散の平方根により得られる．もしイベントの原因を区別しない場合は上の式はグリーンウッド式に帰着する．そのほか，$\log(-\log(1-\hat{I}_j(t)))$ 変換後の漸近分散や多項分布に基づく方法（たとえば，Betensky and Schoenfeld, 2001）などがある．詳細は，Choudhury (2002), Marubini and Valsecchi (2004), Pintilie (2006) などを参照してほしい．各時点 t ごとの $I_j(t)$ の信頼係数 $100(1-\alpha)\%$ の両側信頼区間は $\hat{I}_j(t)$ の漸近正規性により次のように近似できる．

$$\hat{I}_j(t) \pm \phi_{\alpha/2}\sqrt{Var(\hat{I}_j(t))}$$

信頼区間が必ず 0 以上に入るようにするために，$\log(-\log(1-\hat{I}_j(t)))$ の漸近分散を利用して $I_j(t)$ の $100(1-\alpha)\%$ の両側信頼区間を次式で求めることもある．

$$\hat{I}_j(t)^{\exp\left[\pm \phi_{\alpha/2}\sqrt{Var(\hat{I}_j(t)/[(\log(\hat{I}_j(t))\hat{I}_j(t)]^2)}\right]}$$

Pepe and Mori (1993) により提唱された条件付き確率 $CP_j(t)$ の推定値は

$$\widehat{CP}_j(t) = \frac{\hat{I}_j(t)}{1 - \sum_{k=1,\ldots,m; k \neq j} \hat{I}_k(t)}$$

により求められる．分散は Pepe and Mori (1993) を参照してほしい．

4.5 有害事象の重症度を加味した累積発現率

　前節では AE の重症度を無視した AE1 の発現としてグループ化して扱ったが，実際は軽症／中等度／重症などの重症度も記録されている．重症度によって対処法も異なってくる．初発 AE1 の重症度を加味した CIF も競合リスクの考え方を利用して推定することができる．

　T を観察の起点から初発 AE1，または，初発 AE1 前の中止のうちいずれか最初の事象が起きるまでの時間とする．重症度は $m-1$ の重複しないいずれか 1 つのカテゴリー（グレード）に入るものとする．たとえば中等度や重症など．J はそのグレードを示すものとする．「初発 AE1 の発現前の中止」というイベントに対しては $J = m$ とする．中等度の AE1 の発現は「初発 AE1 の発現前の中止」とも他の重症度の AE1 の発現とも独立ではないが，重症度についての仮定から，それぞれの重症度は競合する関係にあるのがわかる．競合リスクが存在する下でのイベント発現までの時間の解析法では，競合リスクは同時に起こらない（ゆえに競合しているわけだが）ことが条件となるので，記録の精度が良くないために，「初発 AE1 の発現」と「初発 AE1 の発現前の中止」が同時（同じ日）に発現している被験者もいるかもしれない．そのような場合は，発現した AE1 は発現率に反映させる方針をとって，「初発 AE1 の発現」が「初発 AE1 の発現前の中止」より先に発現していると取り扱うのがよいであろう．

　以上のデータの取り扱いの定義により，「初発 AE1 で重症度 j」と「初発 AE1 の発現前の中止」の観測値についても競合リスクとしての条件を満たすことができる．中止理由に治癒（または，そのような基準に早く該当することが好ましいような基準）が含まれる場合は，解釈が複雑になるので，以降は治癒による中止はない場合を考える．また，治療中止の理由を治療の評価としての良し悪しに対応させて，治療中止に対して $J = m+1, \ldots$ とすることが有用な場合もある．ここでは話を単純にする

ために，中止理由を区別しない状況を考える．競合リスクが存在する場合に一般的に定義される原因別ハザードに対応するものを，重症度別ハザードと呼ぶ．

(1) 重症度別ハザード関数

次式で，「初発 AE1 で重症度 j」のハザード関数，および「初発 AE1 の発現前の中止」のハザード関数が定義される．

$$\lambda_j(t) = \lim_{\Delta t \to 0} \frac{P(t \le T < t + \Delta t, J = j \mid T \ge t)}{\Delta t}, \quad j = 1, \ldots, m.$$

(2) 重症度別累積発生関数

「初発 AE1 で重症度 j」の発現，および「初発 AE1 の発現前の中止」が時間 t までに発現する確率は次式で定義できる．

$$I_j(t) = P(T < t, J = j) = \int_0^t \lambda_j(u) S(u) du, \quad j = 1, \ldots, m,$$

ここで

$$S(t) = \exp\left\{-\int_0^t \left(\sum_{j=1}^m \lambda_j(u)\right) du\right\}$$

であり，$S(t)$ は時間 t までに初発 AE1 の発現もなく「初発 AE1 の発現前の中止」もしていない確率（生存時間解析では生存関数と呼ばれる）である．$I_j(t)$ は初発 AE1 で重症度 j または「初発 AE1 の発現前の中止」の累積発生関数 (CIF) である．4.3 節と同様に次の関係が成立する．

$$1 - S(t) = \sum_j I_j(t).$$

右辺は全累積発生関数で，いずれかの重症度の初発 AE1，または「初発 AE1 の発現前の中止」の CIF の和である．

(3) 条件付き確率

初発 AE1 の発現前に中止とならなかったという条件の下で，初発 AE1

で重症度 j が時間 t までに発現する条件付き確率 $CP_j(t)$ も有用な情報であろう．別な言い方をすれば，$CP_j(t)$ は，時間 t までに治療を続けられる患者であれば，「初発 AE1 で重症度 j」が時間 t までに発現する確率はどのくらいかを与える．次式で定義できる．

$$CP_j(t) = \frac{P(T<t, J=j)}{1-P(T<t, J=m)}$$
$$= \frac{I_j(t)}{1-I_m(t)}, \quad i=1,\ldots,m-1.$$

4.5.1 重症度別累積発生関数

重症度 j の CIF は，一般的な競合リスク要因が存在する場合の原因 j の CIF と同様の方法で推定する．例題 4.1 の数値例を用いて説明する．イベントタイプが初発 AE1 で重症度が中等度，重症であればそれぞれ $j=1,2$ とし，「初発 AE1 の発現前の中止」であれば $j=3$ とする．例題 4.1 の場合，イベントタイプの種類数 $m=3$ となる．表 4.2 と同様に初発 AE1 発現までの時間，または，「初発 AE1 の発現前の中止」までの時間を昇順に並べると，表 4.2 の左端列の「時間」と同一の結果を得る．次に表 4.2 の「イベントタイプ」の代わりに「重症度」を各発現時間に対応させて記入すると，表 4.2 の「1」（初発 AE1）が「1」（中等度）または，「2」（重症）となり，表 4.2 の「2」（初発 AE1 前の中止）は全部「3」（初発 AE1 の発現前の中止）となることがわかる．したがって「リスク集合の大きさ」と「合計のイベント数」も表 4.2 と同一で，KM 法により推定する「全体としての無イベント率」も同一の数値となる．$I_1(t), I_2(t), I_3(t)$ を，表 4.3 と同様の方法で推定し，図 4.9 に示した．

25 名中 11 名に AE1 が発現しているので，単純な比率により計算した発現率は 0.44 である．図 4.9 の AE1 の累積発現率は左側の縦軸で読み，「初発 AE1 の発現前の中止」の累積発現率は右側の縦軸で読むのは図 4.8 と同様である．実線は重症度を区別しない AE1 全体としての経時的累積発現率を，斜線部はそのうちの「重症」の AE1 の，また，太線と斜線部の差は「中等度」の AE1 の経時的累積発現率を示す．「初発 AE1 の発現

4.5 有害事象の重症度を加味した累積発現率

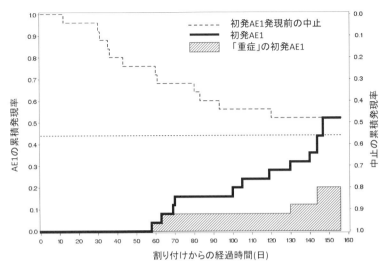

図 4.9 CIFE で推定した初発 AE1 の重症度別経時的累積発現率

前の中止」の累積発現率曲線を左側の軸で読めば，それは初発 AE1 を発現する可能性を持つ被験者の，全被験者に対する経時的な割合となる．一見，グレード間に関係がないように見えるような定式化であったかもしれないが，グレード間には順序関係があるので，たとえばグレードが5段階あるとすれば4以上の重症度は「重症」を意味するものとしてひとまとまりとして解釈する．重症度別の発現率の解釈は個々の重症度ごとに行うのはあまり適切ではない．図 4.9 では，左縦軸で読む破線に対する「太線と斜線部の差」の比率が「条件付き確率」$CP_1(t)$ となり，破線に対する斜線部の比率が $CP_2(t)$ となる．

AE の重症度および治療中止の理由を区別する場合も，各カテゴリーでの発現例数が少なければ，推定値の信頼性の観点からカテゴリーのグループ化を行う方がよいであろう．

重症度 j の AE1 の累積発生関数 $I_j(t)$ の一般的な推定方法は，以下のような手順で行う．t_i を，被験者 $i, i = 1, \ldots, n$ の観察の起点から初発 AE1 の発現，または「初発 AE1 の発現前の中止」のうちいずれか最初のイベントタイプ，または観察打切りのうち先に観測された時間とする．ここでは連続型変数であると仮定する．δ_i を，t_i がイベント発現までの時

間であれば 1, 観察打切りまでの時間であれば 0 をとる変数とする. 観察打切りはこれまでのように, イベント発現までの時間とは独立 (無情報な打切り) であることを仮定する (たとえば, 計画された観察期間終了による観察打切り). $j_i \in \{1, \ldots, m\}$ を, イベントタイプが初発の AE1 で重症度 j の発現であれば j,「初発 AE1 の発現前の中止」であれば m とする. 初発の AE1 でそれぞれの重症度 j の発現および「初発 AE1 の発現前の中止」は競合リスク要因となり, それら相互の間は独立である必要はない.

被験者 $i, i = 1, \ldots, n$ について観測されるデータは (t_i, δ_i, j_i) の組となっている. ただし, $\delta_i = 0$ のときは j_i は定まらない. 初発の AE1 で重症度 j, または「初発 AE1 の発現前の中止」の累積発生関数 $I_j(t)$ の推定には, $(t_i, \delta_i, j_i), i = 1, \ldots, n$ を用いて, 式 (4.3) を利用する. ただし, $\hat{S}(t)$ は $(t_i, \delta_i), i = 1, \ldots, n$ を用いた KM 法による左連続の生存関数になることに注意してほしい.

たとえば, 関節リウマチの比較試験では比較する治療の間で治療の継続率 (または中止率) の違いが大きいものも散見される (Lipsky et al., 2000; Klareskog et al., 2004 など). 4.2.1 項で述べたように, 治療 A (中止率の高い治療を仮に治療 A と呼ぶ) を早期に中止する被験者が多ければ, 図 4.4 の被験者 6 や被験者 2 のようなケースが治療 A で多くなり, 中止した早期から AE1 は観測されにくくなると予想される. このような場合に, 単純な AE1 の発現割合

$$\frac{\text{治療 A を 1 回以上受けて AE1 を発現した人数}}{\text{治療 A を 1 回以上受けた人数}}$$

が少ないことにより治療 A は安全だと言えるだろうか. たとえるならば, 筆者は普通車のゴールド免許所持者で 30 年以上無事故無違反であるが, それは 30 年以上自分自身で運転をしていない結果であって, 30 年以上無事故無違反であることが筆者の車運転が安全で技術が高いことを意味しているわけではない. これと同様に, 治療 A が安全だから AE1 の発現が少ないというのではなく, 治療 A を継続して受けている被験者が少ない

から治療 A による AE1 の発現が見かけの上で少ないだけなのかもしれない．

このような場合には，単純な割合により治療 A と治療 B を比較するのは適切とはいえない．注目する有害事象 AE1 の CIFE と「AE1 発現前の中止」の CIFE を示すのが有用であろう．また，全部（または，ある重症度 s 以上）の AE1 の「条件付き確率」$\sum_{j=s}^{m-1} CP_j(t)$ を比較するのもよいであろう．

Caplan et al.(1994) は進行性骨盤悪性腫瘍患者の緩和放射線療法における後期の合併症の経時的発現率の要約方法として「条件付き確率」および累積ハザードの有用性を図示し，生存している患者において後期の合併症発現のリスクはかなり高いと解釈した．これについて Bentzen et al.(1995), Caplan et al.(1995, 1996), Denham, et al.(1996), Chappell(1996) 等により議論がなされているが，一部誤解も見受けられる．発現確率を主要な評価とする場合に $1 - KME$ を比較することが，Chappell (1996) を除き，データから確認できない，競合リスク要因の間の独立性や，競合リスク要因を排除できるような治療や処置を行ったあとでのリスクの構造不変性を仮定しないといけないことが，当時の医学分野ではあまり認識されていなかったのかもしれない．Klein and Moeschberger (1997) が薦めているように，「条件付き確率」はもっと頻繁に利用されてよいであろう．

4.6 カプラン・マイヤー法を用いる問題点

競合しているイベントが発現し，注目しているイベントの観察が継続できずに観察が打切りになることは，多くの場合において無情報な打切りではない．それにもかかわらず無情報な打切り扱い[2]をして，KM 法を用いて注目するイベントの累積発現率を推定（KM 法はイベントを発現していない確率を推定するので，正確には累積発現率を $1 - KME$ により推

---

[2] 競合しているイベントを発現した個体のそれ以降の将来のイベントが観察できると仮定して，そのイベントの発現可能性は，そこで観察打切りを受けていない個体の将来のイベントの発現可能性と変わらないことを仮定する．

定）すればバイアスが入ることはよく知られている（4.1 節参照）．これまでに累積発生確率を $1-KME$ により推定している文献が数多く見られる．$1-KME$ により推定している場合は net estimate と，CIFE により推定している場合は crude estimate と，呼び名を使い分けている文献もあるが，これらの呼び名は文献によってはそのほかの用語を用いている場合もある (Farley et al., 2001)．また，net（正味）が本当に解釈可能な正味であるかは疑わしい．

1.2.2 項で KM 法を伝統的な表現（方法 A〜D）で示したが，Gooley et al. (1999) はそれを用いずに，CIFE との違いがわかりやすい $1-KME$ の表現を提唱した．以下にそれを概説する．話を簡単にするために互いに競合するイベントは 2 つとし，原因 1 のイベントを注目するイベントであると仮定する．

4.4 節では，原因 j のイベントが発現した時間を昇順に並べて昇順の順序を添え字として $t_{j(1)} < t_{j(2)} < \cdots < t_{j(i)} < \cdots$ のようにかっこを付けた添え字としたが，ここでは添え字表現を簡素化するために，混同がない場合の添え字のかっこは省いて使う．たとえば，すでに定義した d_{1i} は，時点 t_{1i} に発現した原因 1 のイベント数を示している（4.4 節ではこの時点を $t_{1(i)}$ と表記した）．以下の定義を追加する．

a_i：時点 $t_{1(i-1)}$ と時点 t_{1i} の間に観察打切りされた（無情報な打切り）数
r_i：時点 $t_{1(i-1)}$ と時点 t_{1i} の間に発現した原因 2 のイベント数
$J_{\mathrm{CI}}(t_{1i})$：時点 t_{1i} に発現した原因 1 のイベントによる CIFE の増加量
$J_{\mathrm{KM}}(t_{1i})$：時点 t_{1i} に発現した原因 1 のイベントによる $1-KME$ の増加量

もし，すべての被験者について原因 1 のイベントを発現する確率が等しいと仮定すれば，観察打切りがなく原因 1 のイベントを完全に観測できる限りは，一例の個体において原因 1 のイベントが発現するたびに $\frac{1}{n}$ だけ CIFE は増大する．ここで，時点 $t_{1(i-1)}$ と時点 t_{1i} の間に観察打切りを受けた個体がいたとすれば，その個体の CIFE に対する増加分は，まだ観察打切りを受けずに観察を継続している個体に等分配される（右側への再分配：redistributing to the right; Efron, 1967）．1.4 節にもこの

4.6 カプラン・マイヤー法を用いる問題点

特性を詳しく解説しているので参照してほしい．したがって，

$$J_{\text{CI}}(t_{1i}) = J_{\text{CI}}(t_{1(i-1)}) + J_{\text{CI}}(t_{1(i-1)}) \cdot \frac{a_i}{N_{1i}}$$
$$= J_{\text{CI}}(t_{1(i-1)}) \left(1 + \frac{a_i}{N_{1i}}\right), \quad i = 2, \ldots, n.$$

ただし，$J_{\text{CI}}(t_{1(1)}) = \frac{1}{n}$ である．時点 $t_{1(i-1)}$ と時点 t_{1i} の間に競合リスク要因である原因2のイベントが発現したとしても，これらの個体の $J_{\text{CI}}(t_{1i})$ に対する増加の寄与分は0である．

一方，時点 $t_{1(i-1)}$ と時点 t_{1i} の間に発現した原因2のイベントを無情報な打切り扱いをし，$1 - KME$ により原因1のイベントの発現率を推定する場合，上記の右側への再分配により $J_{\text{KM}}(t_{1i})$ は以下のような形で表現できる．

$$J_{\text{KM}}(t_{1i}) = J_{\text{KM}}(t_{1(i-1)}) + J_{\text{KM}}(t_{1(i-1)}) \cdot \frac{a_i + r_i}{N_{1i}}$$
$$= J_{\text{KM}}(t_{1(i-1)}) \left(1 + \frac{a_i + r_i}{N_{1i}}\right), \quad i = 2, \ldots, n. \quad (4.5)$$

ただし，$J_{\text{KM}}(t_{1(1)}) = \frac{1}{n}$ である．上式は，原因2のイベントが発現した個体を，そのあとも原因1のイベントを発現する可能性がある個体として，原因1のイベントの発現率を推定している．$J_{\text{CI}}(t_{1i})$ と $J_{\text{KM}}(t_{1i})$ は原因2のイベントが発現しない限りは一致している．原因2のイベントが発現したあと最初に原因1のイベントが発現した時点から $J_{\text{KM}}(t_{1i}) > J_{\text{CI}}(t_{1i})$ となる．したがって，原因2のイベントが多く発現するほど $1 - KME$ と原因1の CIFE の差は増大する．原因2のイベントが発現しない間は $1 - KME$ と原因1の CIFE は一致している．

なお，いくつかの文献には，解釈には問題があると書いた上で $1 - (1 - KME)$ を次のような関数で示している場合もある．

$$G_j(t) = \exp\left(-\int_0^t \lambda_j(x)dx\right) = \exp(-\Lambda_j(t))$$

$G_j(t)$ の代わりに $S_j(t)$ という記号で定義している文献も多いが，その一方で $S_j(t)$ を次のように定義していることもある．

$$S_j(t) = 1 - I_j(t)$$
$$= \exp\left(-\int_0^t \gamma_j(u)du\right)$$

これらを混同しないように注意が必要である．以下の関係が成り立つ．

$$I_j(t) \leq 1 - G_j(t) \leq 1 - S(t)$$

ここに，$S(t)$ は式 (4.2) で定義される無イベント率である．

　以上のように，競合リスク要因が存在する場合にそれを無情報な打切り扱いすることには2つの問題がある．1つ目は，無情報でないものを無情報な打切りとして扱うことによる推定値への偏り，2つ目は，あまり知られていないようであるが，解釈において重要な点である．$1-KME$ による推定値を，もし競合リスク要因を排除できると仮定した場合の仮想的な想定での注目するイベントの発現確率と見なすこともありうるが，実際そういう状態にするには競合リスク要因を排除できるような治療や処置を行う必要がある．そして，たとえそれができたとして，それでもなお注目するイベントの発現可能性には何の影響も与えずに競合リスク要因を排除できるであろうか，という点である．Kalbfleisch and Prentice (1980, 2002) はこの点について真摯な議論を展開しているので参照してほしい．$1-KME$ は現実には存在しないような仮想的な集団を対象とする推測になっている（たとえば Gooley et al., 1999; Pepe and Mori, 1993）．Pepe and Mori (1993) にもわかりやすい議論がなされている．ただし，$1-KME$ による推定値を確率として解釈するのではなく，原因別ハザードの違いを視覚的に表現する方法として見れば，非常に有用かもしれない (Tai et al., 2001)．

　治療域や試験の目的によって $1-KME$ と CIFE の使い分けを薦めている文献（Chappell, 1996; Farley, et al., 2001 など）もあるが，$1-KME$ については，データから確認できない競合リスク要因の間の独立性や競合リスク要因を排除できるような治療や処置を行ったあとでのリスク構造の不変性を仮定しているので，$1-KME$ については確率として解釈せず

に，Tai et al. (2001) のような解釈をする方が有用であろう．これまで累積発生確率を $1 - KME$ により推定している文献が非常に多かったのは，KM 法を備えているソフトウエアは豊富に存在するが，CIFE を備えているソフトウエアはそんなに豊富ではなかったことにも原因があるかもしれない．

4.7 カプラン・マイヤー法の別の表現

1.2.2 項ではカプラン・マイヤー法の一般的な表現（方法 A～D）を解説した．

生存関数は，一般的にはイベント未発現率関数の意味合いになるので，KM 法により推定された $\hat{S}(t)$ は，1 からイベント累積発現率を引いた $1 - (1 - KME)$ に相当する．Gooley et al. (1999) の右側への再分配の特性を用いる $1 - KME$ の表現を利用することによって，$\hat{S}(t)$ は，次の式 (4.6) のように表現できる．本節では，イベントタイプは 1 つであるので，前節で用いた記号でイベントの原因を示す添え字は不要である．イベント発現時間を昇順に並べ，昇順の順序を，かっこを付けた添え字 i として定義する方法は 1.2.2 項の方法 B に倣う．KM 法では，競合リスクによる観察打切りはなく，打切りは無情報な打切りであることを仮定しているので，式 (4.5) を利用する際には $r_i = 0, i = 2, \ldots, n$ となる．また，式 (4.5) は時点 $t_{(i)}$ に発現した 1 個のイベントによる $\hat{S}(t)$ の減少幅に相当するので，タイの考慮（時点 $t_{(i)}$ に発現したイベント数 d_i）が必要となる．

$$\hat{S}(t) = 1 - \sum_{t_{(i)} \leq t} J_{\mathrm{KM}}(t_{(i)}) \cdot d_i$$
$$= 1 - \sum_{t_{(i)} \leq t} J_{\mathrm{KM}}(t_{(i-1)}) \cdot \left(1 + \frac{a_i}{N_i}\right) \cdot d_i, \quad i \geq 2. \quad (4.6)$$

ただし，$J_{\mathrm{KM}}(t_{(1)}) = 1/n$ である．$t_{(1)}$ の前に a_1 個の無情報な打切りがある場合は，$J_{\mathrm{KM}}(t_{(1)}) = 1/(n - a_1)$ とする．

例題 1.1 について，式 (4.5) で計算する．式 (4.6) の 2 項目の

$\sum_{t_{(i)} \leq t} J_{\mathrm{KM}}(t_{(i)}) \cdot d_i$ で指している項は，表 1.14 の右端列となる．表 1.6 の「次の時間までに起きた打切りの数」が a_i となる．読者は，表 1.6 のデータを用いて，式 (4.6) で計算した結果が表 1.6 の「累積生存率」と一致していることを確認してほしい．

4.8 準競合リスクにおける推測とカプラン・マイヤー法

　注目しているイベントが発現しても観察は継続することができ，終了イベントの発現により観察が終了する場合がある．たとえば，図 4.3 の競合リスクの例で，白血病を再発 ($J = 1$) しても観察は継続することができ，死亡（終了イベントの発現，$J = 2$）により観察が終了する場合などがこれに当たる．図 4.5 の競合リスクの例でも，有害事象 ($J = 1$) が起こっても介入処理を中止する（終了イベント，$J = 2$）まで観察は継続することができる．治療効果の推定や比較に，このような，症状が相対的に軽い非致死性のイベント（以降，軽症イベントと呼ぶ）を経験した後にどれくらい経過すればどの程度の頻度で致死性の終了イベント（以降，終了イベントと呼ぶ）が起こるのか，または，軽症イベントを経験した後に終了イベントの発現を遅らせるかを見ることも有用であろう．終了イベントは注目している軽症イベントよりも先に発現することもありうる．終了イベントは軽症イベントの観測を妨げるが，軽症イベントは終了イベントの観測を妨げない．

　ここでは上記の例のように競合リスク要因は 2 つとし，軽症イベントを $J = 1$，終了イベントを $J = 2$ とする．記号の定義を次のように追加する．T_D および X を，観察の起点からそれぞれ終了イベント発現までの時間，および軽症イベント発現までの時間とする．時間 t までに，軽症イベントのあとに終了イベントを発現する確率は次式で定義できる．

$$I_D^{1+}(t) = P(X < T_D < t).$$

これを軽症イベント後に終了イベントを発現する累積同時発生関数 (cumulative joint incidence function, CJIF) と呼ぶ (Nishikawa et al., 2006).

4.8 準競合リスクにおける推測とカプラン・マイヤー法

ここでの同時とは「両方とも」の意味である．

$I_D^{1+}(t)$ の推定方法を述べる．$t_{Di}, i = 1, \ldots n$ を被験者 i の終了イベント発現までの時間とし，$t_{Di}, i = 1, \ldots n$ は独立に同じ分布関数 $F_D(t) = P(T_D < t)$ に従うと仮定する．このとき，生存関数は $1 - F_D(t)$ である．ここで定義しているイベント（終了イベント）については競合リスクは存在しない．$U_D = \min(T_D, C)$ を観察の原点から，終了イベントまたは観察打切りのうち先に観測された時間とする．被験者 i の観察打切りまでの時間 $c_i, i = 1, \ldots n$ は，これまでのように，イベント発現までの時間とは独立（無情報な打切り）であることを仮定する．被験者 $i, i = 1, \ldots n$ について観測されるデータは (u_{Di}, δ_{Di}) のペアとなっている．ここで，$u_{Di} = \min(t_{D1}, c_i), \delta_{Di} = I(t_{D1} \leq c_i)$ である．X，T_D および $T(\leq T_D)$ は連続値であるから $P(X = T_D) = 0$ が成り立ち，

$$I_D^{1+}(t) = F_D(t) - I_m(t)$$

が導かれる．それぞれの推定量を代入して以下のように CJIFE(CJIF estimator) を求めることができる．

$$\hat{I}_D^{1+}(t) = \hat{F}_D(t) - \hat{I}_m(t)$$

ここで，$\hat{F}_D(t)$ は $(u_{Di}, \delta_{Di}), i = 1, \ldots n$ を用いて $1 - F_D(t)$ を KM 法により推定し，1 からそれを減じることにより得られる．観察打切りデータがない状況では，$\hat{I}_D^{1+}(t)$ は時間 t までに軽症イベントを発現した後に終了イベントを発現した被験者の，試験に組み込まれた全被験者に対する割合と等しくなる．$\hat{I}_D^{1+}(t)$ は一致推定量であるが，有限の標本サイズで観察打切りデータが存在する場合は，必ずしも単調非減小関数とならないことがある．多変量の生存時間分布の推定量はこのような直感に反する性質は珍しくない (Lin et al., 1999; Wang and Wells, 1998)．そこで

$$\hat{I}_{D*}^{1+}(t) = \inf_{s \geq t}\{\hat{I}_D^{1+}(s)\}$$

と定義し直す．このとき，$\hat{I}_{D*}^{1+}(t)$ は一致推定量であり単調非減小関数となる．軽症イベント後に終了イベントを発現する CJIFE の分散は Pepe

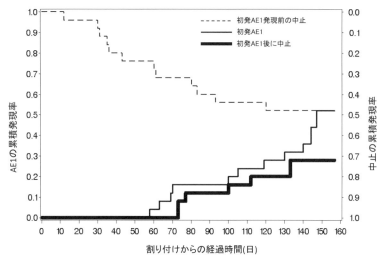

図 4.10 CIFE で推定した初発 AE1 と CJIFE による初発 AE1 発現後に中止となる累積発現率

(1991) の方法やブートストラップ法 (Efron, 1982) により推定できる．CJIFE の例題として，表 4.1 の数値を用いて，初発 AE1 の発現後に中止となった被験者の経時的累積発現率を推定し，図 4.8 に追記したものを図 4.10 に示す．

初発 AE1，2 回目の AE1 のように順序が決まっている 2 つの前後する事象では，2 つ目のイベント発現までの時間は，先行する（1 つ目の）イベント発現までの時間の長さが長ければ，後続する（2 つ目の）イベント発現までの時間が観察打切りになりやすい．これら 2 つの事象間に相関がある場合，2 つ目の事象の観察打切りは情報を持たない打切りではなくなる (Wang and Wells, 1998)．たとえば，ここで，終了イベントまでの時間に関して設定を少し変えてみよう．終了イベント発現までの時間の起点を軽症イベント発現時とし，終了イベント発現までの時間を Y とおく．すなわち $Y = T_D - X$ とする．$S(x,y) = P(X > x, Y > y)$ を，$P(X > x)$ であり，かつ $P(Y > y \mid X > x)$ とする．このとき x_i が観測された被験者 i の $(u_{Di} - x_i, \delta_{Di})$ を用いて $S(0,y)$ を KM 法により推定すれば偏りが入る．

Wang and Wells (1998) は，上述の状況で KM 法を応用することは適切ではないことを指摘し，KM 法に代わる推定方法を提案している．図 4.4 に示したように，致死的ではない AE1 は，初発 AE1 が回復した後，2 回目，3 回目と，間隔をあけて再発することがある．このような繰り返しイベントのことを再発事象と呼ぶ．初発 AE1 後に 2 回目の AE1 発現（再発）までの時間に関心がある場合，初発 AE1 後に 2 回目の AE1 発現までの時間が観察打切りになるのは，Wang and Wells(1998) が指摘しているように，もはや無情報な打切りではなくなる．Nishikawa et al. (2006) は，Wang and Wells(1998) の方法を利用し，初発 AE1 後に 2 回目の AE1 が発現するまでの経時的な累積発現率の推定方法を示している．

4.9 累積発生関数とカプラン・マイヤー法の適用例

競合リスクが存在するとき，累積発生関数と KM 法を適切に使い分けることは重要である．文献を例題として，いくつかの分布の要約やグラフ表示を紹介する．研究対象の状況や研究目的に応じた解析方法の使い方を心がけてほしい．

4.9.1 軽快退院と死亡退院

これまでの競合リスクの例は，イベントタイプはすべて好ましくないものであったが，1 つのイベントに対して好ましいイベントタイプと好ましくないイベントタイプが混在する場合がある．たとえば，肺炎により入院して治療を開始した時点を起点とし，イベントを退院と定義するとしよう．イベント発現までの時間を退院までの日数とする．

日常会話では「退院」という言葉を聞くと，暗に病気の状態が良くなって病院から帰ってくるような感覚を持つかもしれない．しかし，客観的な研究においては，「退院」は，居所を入院した病院から別の所に移すという広い意味で使われることが多く，良し悪しの意味合いは自明ではない．退院理由は必ずしも好ましいものではなく，死亡による退院，悪化による

退院（転院）などもありうる．「入院」でも似たような状況があり，入院するからといって入院した人の状態が悪いとも限らない（たとえば，病院管理分野などでは 1 泊 2 日の人間ドック受診のために病院に泊まることは 1 入院 1 退院とカウントされる）．研究計画において正確な用語の定義やイベントの定義を明記する必要がある．

「退院」には「状態の改善」による退院という好ましい理由（イベントタイプ）と「死亡」による退院という好ましくない理由（イベントタイプ）が混在する．このとき，単純に「退院」というイベントのみに注目してしまうと，退院までの日数が短い治療法が良いのかどうかは不明である．入院治療の本来の目的は疾病状態を改善して退院させることである．死亡して退院する患者は軽快して退院することはできない．死亡退院が珍しくない疾患の治療方法では死亡退院（までの時間）に注目するかもしれない．軽快して退院する患者にはこの事象は起こりえない．このように，これらの退院理由は互いに競合している．緊急の生命の危機に曝されていないような疾患による入院での退院理由は，死亡と軽快ほどに極端な 2 つの理由ではないかもしれない．退院理由を「（状態の）軽快」「（状態の）不変」「（状態の）悪化」「死亡」と区別して定義すれば図 4.11 に示すようにそれぞれの理由は互いに競合リスク要因となり，競合リスクモデルの枠組みで取り扱うことができる．

研究期間の終了時点まで，まだ入院を継続中であるが，イベント発現までの観察を打ち切られる場合が「無情報な打切り」として扱われる．もし，注目するイベントタイプ以外の理由による観察打切りを無情報な打切りと見なして KM 法を用い，$1 - KME$ により累積発現率を推定しようとすれば，図 4.6 のようにいずれの理由による累積発現率も最終的にはほぼ 1 となりうる．直感的に，「改善して退院」の累積発現率が 1 となる治療法と「死亡退院」の累積発現率が 1 となる治療法では全く異なる意味合いを持つはずであるが，適切な解析がなされていない場合はその両方が同時に起こりうる．一方の結果のみが示されている場合には重大な注意が必要である．

Kobayashi et al. (2017) は集中治療室 (ICU) 入室患者が人工呼吸器関

4.9 累積発生関数とカプラン・マイヤー法の適用例　　　157

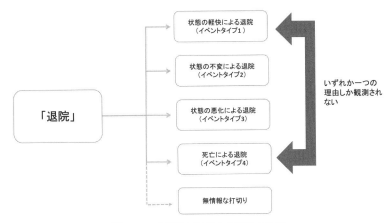

図 4.11 「退院」に対する理由の分類

連肺炎 (VAP) や人工呼吸器関連事象 (VAE) の発現によって死亡退院のハザード比がどの程度影響を受けるのかについて報告している．Kobayashi et al.(2017) では研究対象のすべての患者が退院するまで観察を継続している．したがって「無情報な打切り」を受けた患者はいない．患者の全員が退院しているが，退院理由は死亡か軽快かいずれか一方のみである．

Kobayashi et al.(2017) のデータの使用許可を得たので，それらを用いて累積発現率をいくつか見てみよう．注目するイベントを軽快による退院とする．そのとき死亡による退院は競合するイベントとなる．仮に，死亡退院（競合するイベント）を無情報な打切りとして扱い，$1 - KME$ により軽快退院の累積発現率を推定し，図 4.12 の細線で示す．図 4.6 と同様に $t = 150$ では軽快退院の累積発現率はほぼ 1 になっている．打切り時点を示す矢印は死亡退院が起きている時点を意味する．KM 法では打切りは無情報であることを仮定している．本例題の場合，死亡して退院する患者の軽快退院の起こりやすさは，その時点まで入院継続中の患者と同じであることを仮定することに相当する．しかし，死亡退院をする患者は，その後決して軽快して退院することはない．

同じ図に，死亡退院を競合リスクとして扱い，CIFE により推定した軽快退院の累積発現率を太線で示した．破線は，軽快して退院した患者の研

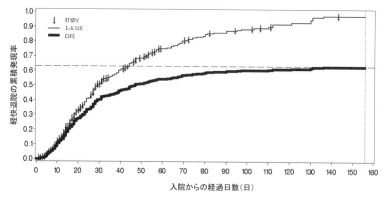

図 4.12 CIFE および $1-KME$ により推定した軽快退院の累積発現率(破線は単純な割合により計算した軽快退院の発現率)

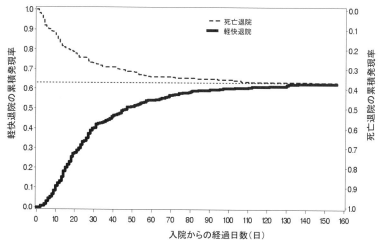

図 4.13 CIFE により推定した軽快退院と死亡退院の累積発現率(破線は単純な割合により計算した軽快退院の発現率)

究対象者全体に対する割合 (0.64) である.

図 4.8 と同様の形式で軽快退院(イベントタイプ 1)と死亡退院(イベントタイプ 2)の CIFE を図 4.13 に示す.縦軸の読み方は,図 4.8 と同様である.$I_1(t) + I_2(t) \leq 1$ という制約があるのも同様である.$t = 130$ 日で $\hat{I}_1(t) + \hat{I}_2(t)$ は約 99% に達し,図 4.13 では $\hat{I}_1(t)$ と $\hat{I}_2(t)$ がほぼ結合

4.9 累積発生関数とカプラン・マイヤー法の適用例

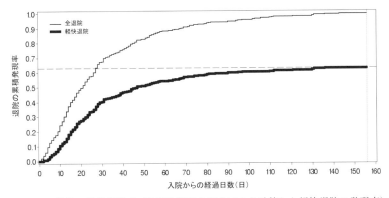

図 4.14 退院の累積発現率（破線は単純な割合により計算した軽快退院の発現率）

している．打切りがないので式 (4.4) が成立している．したがって，1 名にイベントタイプ 1（軽快退院）が発現するごとに同じ幅だけ CIFE は増加し，軽快退院をする最後の患者までの累積発現率は軽快退院をした患者の割合と等しくなる．

図 4.14 に，太線で軽快退院の累積発現率を，細線で全退院の累積発現率を示した．細線は「1 − 無イベント生存率 $(S(t))$」に等しく，$S(t)$ を KM 法により推定する．細線と太線の差が死亡退院の累積発現率を意味する．図 4.12 と図 4.14 で KM 法を用いているが，推定している関数（経時的発現率）は異なるものであるから混同しないように注意してほしい．図 4.14 の「1− 無イベント生存率」は互いに競合するイベントタイプ 1 とイベントタイプ 2 の CIFE により推定した発現率の和になっている．

4.9.2 高齢乳癌患者の乳癌死亡率と乳癌関連のイベント発現率

次に，高齢の乳癌患者を対象とした臨床実験について，Martelli et al. (2005) の事例をとりあげる．

試験の計画当時，乳癌患者に対して，従来，乳房手術と一緒に腋窩郭清 (AD) がなされていた．AD は手術のあとの治療方針を決めるためになされてきたが，高齢の乳癌患者に対してそれが有効であるのかデータが不足していた．Martelli et al.(2005) は，高齢の初期の乳癌患者に対して，

AD なしでも予後はあまり変わらないのではないかと考え，従来の乳房手術および AD（AD 群）と乳房手術のみ（AD なし群）を無作為化比較試験により比較した．

　主要評価項目は，腋窩リンパに関するイベント（AD なし群），全死亡，乳癌による死亡，乳癌関連のイベント（定義は明確にしている）とした．乳癌による死亡の評価においては，乳癌以外の理由による死亡は競合リスクとして取り扱った．また，乳癌関連胸部のイベントの評価においては，死亡は競合リスクとして取り扱った．AD 群および AD なし群に，それぞれ 109 名および 110 名が割り付けられた．年齢の中央値は 70 歳（範囲 65〜80 歳）であった．追跡期間の中央値は AD 群で 60 ヶ月（範囲 50〜88 ヶ月），AD なし群で 62 ヶ月（範囲 52〜89 ヶ月）であった．イベント発現までの時間の起点は割り付け日，終点は最初の当該イベントを認めた日とした．Martelli et al.(2005) の乳癌関連胸部のイベント，および乳癌による死亡の累積発現率曲線を図 4.15 に示す．いずれも CIFE により推定している．

　5 年時点の乳癌関連のイベント発現率は AD 群および AD なし群においてそれぞれ 10.1％，および 8.6％（Martelli et al., 2005，表 2 より計算）であった．5 年時点の乳癌による死亡率はそれぞれ 3.95％（95％信頼区間 (CI) 0-8％），3.93％(95％CI 0-8％) であった．全生存率（イベントは，理由を問わずに死亡とする）を KM 法により推定し ($\hat{S}(t)$)，全死亡は「1− 全生存率 $\hat{S}(t)$」により推定している．全死亡の累積発現率は AD 群において 13.1％，AD なし群において 7.8％であった．死亡原因は，乳癌による死亡／他の癌による死亡／癌以外による死亡の合計 3 つの原因に分類された．AD 群ではそれぞれ 3.95％，5.4％，3.7％であり，AD なし群ではそれぞれ 3.93％，1.8％，2.1％で，各群の全死亡の累積発現率はそれぞれの群での原因別死亡の累積発現率の和となっている．乳癌による死亡は，そのほかの原因による死亡という競合リスクに曝されている．対象が高齢者であるから乳癌に関連したイベントが起こる前に死亡する可能性もあり，乳癌に関連したイベントは死亡という競合リスクに曝されている．CIFE はそのような状況での累積発生率と解釈できる．

4.9 累積発生関数とカプラン・マイヤー法の適用例　　　161

(a) 乳癌関連のイベントの発現

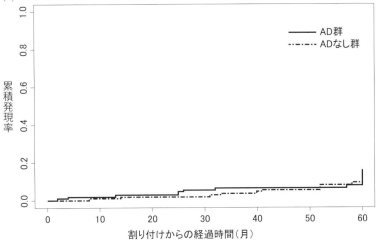

(b) 乳癌による死亡

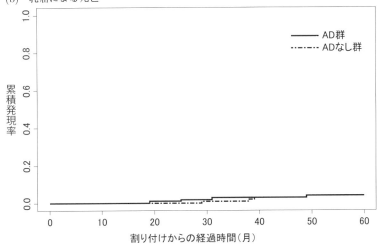

図 4.15　KM 法による累積発現率曲線（Martelli et al. (2005) より引用）

付 録 A

A.1 方法Bにおける $\hat{S}(t)$ の表現（1.2.2項）

1.2.2 項における表現方法 A では式 (1.8), (1.9) のように表現したが，方法 B では次のように表現される．

t が $0 \leq t < u_{(1)}$ であるとき，
$$\hat{S}(t) = 1.$$

t が $u_{(i)} \leq t < u_{(i+1)}, i = 1, \ldots, q_B - 1$ であるとき，
$$\hat{S}(t) = 1 \cdot \left(1 - \frac{d_1}{N_1}\right) \cdot \left(1 - \frac{d_2}{N_2}\right) \cdot \left(1 - \frac{d_3}{N_3}\right) \cdot \cdots \cdot \left(1 - \frac{d_i}{N_i}\right).$$

$t = u_{(q_B)}$ であるとき，
$$\hat{S}(t) = 1 \cdot \left(1 - \frac{d_1}{N_1}\right) \cdot \left(1 - \frac{d_2}{N_2}\right) \cdot \cdots \cdot \left(1 - \frac{d_{q_B-1}}{N_{q_B-1}}\right) \cdot \left(1 - \frac{d_{q_B}}{N_{q_B}}\right).$$

次のような数学記号を用いて表現されていることもある．

$$\hat{S}(t) = \begin{cases} 1 & t < \nu_1 \text{ のとき} \\ \prod_{i=1}^{j}\left(1 - \frac{d_i}{N_i}\right) & \nu_j \leq t < \nu_{j+1} \text{ のとき} \end{cases} \tag{A.1}$$

ここに，$\nu_j = u_{(j)}, j = 1, 2, \ldots, q_B$ とおく．$\nu_{q_B+1} = u_{(q_B)} + \Delta t$（$\Delta t$ は微小時間）とする．式 (A.1) では，2種類の添え字が使われる．添え字 j は，生存率を求めたい時点 t が満たす範囲条件を特定するときのものである．添え字 i を，$\hat{S}(t)$ 算出のために積をとっていく項の数値を特定するときのものとして使う．

Kleinbaum and Klein (2005)（およびその訳本，神田・藤井訳 (2015)）では，2行目を次のように表現している．

$$\hat{S}(t_{(j-1)}) = \prod_{i=1}^{j-1} \hat{P}(T > t_{(i)} \mid T \geq t_{(i)})$$

Klein and Moeschberger(2003)（およびその訳本，打波訳 (2012)）では，2 行目の添え字を次のように表現している[1]．

$$\hat{S}(t) = \prod_{t_{(i)} \leq t} \left(1 - \frac{d_i}{N_i}\right) \quad t_{(1)} \leq t \text{ のとき}$$

A.2 　方法 C における式 (1.11) の導出（1.2.2 項）

まず，イベント発現時間のみにタイがある場合を考える．ある時点 $t_{(\tau)}$ でイベント発現時点に初めてタイがあり，その個数が d_τ 個 ($d_\tau \geq 2$)，すなわち，$t_{(\tau)} = t_{(\tau+1)} = \ldots = t_{(\tau+d_\tau-1)}$ であったとする．タイになっている被験者が誰であるかは生存率推定には影響しないので，たとえば，タイになっている d_τ 名を被験者番号の順に並べると考えてもよい．あるいは，観測値としてはタイであるが，もし観測の精度を上げることができれば d_τ 個の中で昇順に異なる順位 $1, 2, \ldots, d_\tau$ を付けることが可能になるであろう．そのようにして，タイになっている d_τ 個内に仮に $\tau, \tau+1, \tau+2, \ldots, \tau+d_\tau-1$ の順位を付与することを考える．一方，$t_{(\tau)}$ の直後の時間（$t_{(\tau)}+$ と表記する）ではこれら d_τ 名のイベント全部が発現してしまっている．よって，

$$\hat{S}(t_{(\tau)}+) = \hat{S}(t_{(\tau)}-) \cdot \frac{n-\tau+1-\delta_{(\tau)}}{n-\tau+1} \cdot \frac{n-\tau-\delta_{(\tau+1)}}{n-\tau} \cdot \\ \frac{n-\tau-1-\delta_{(\tau+2)}}{n-\tau-1} \cdot \ldots \cdot \frac{n-\tau-d_\tau+2-\delta_{(\tau+d_\tau-1)}}{n-\tau-d_\tau+2}$$

---

[1] $\prod_{t_{(i)} \leq t}$ で示す掛け算は，$t_{(1)} \leq t, t_{(2)} \leq t, \ldots$ と，添え字の i を 1 から 1 ずつ増やしていき，$t_{(i)} \leq t$ が成立するような i の数値を順次右項 $\left(1 - \frac{d_i}{N_i}\right)$ に代入して，全部の右項の積を計算するという意味である．

A.2 方法 C における式 (1.11) の導出 (1.2.2 項)

ここで，$\delta_{(\tau)}, \ldots, \delta_{(\tau+d_\tau-1)}$ は全部 1 であるから，

$$\hat{S}(t_{(\tau)}+) = \hat{S}(t_{(\tau-1)}) \cdot \frac{n-\tau}{n-\tau+1} \cdot \frac{n-\tau-1}{n-\tau} \cdot \frac{n-\tau-2}{n-\tau-1} \cdot$$
$$\cdots \cdot \frac{n-\tau-d_\tau+1}{n-\tau-d_\tau+2}$$
$$= \hat{S}(t_{(\tau-1)}) \cdot \frac{n-\tau-d_\tau+1}{n-\tau+1}.$$

よって，$\hat{S}(t_{(\tau)})(=\hat{S}(t_{(\tau+1)}) = \cdots = \hat{S}(t_{(\tau+d_\tau-1)}))$ としては，最小となる $\hat{S}(t_{(\tau-1)}) \cdot \frac{n-\tau-d_\tau+1}{n-\tau+1}$ をその時点の累積生存率として用いる．右辺の第 2 項目は，方法 B における時点 $t_{(\tau-1)}$ での条件付き生存率と同じ表現になる．これ以降にイベント発現時間にタイがある場合も同様に考えることができる．以上をまとめると，$t = t_{(\tau)}$ でイベント発現時間に d_τ 個のタイがある場合は，

$$\hat{S}(t_{(\tau)}) = \hat{S}(t_{(\tau-1)}) \cdot \frac{n-\tau+1-d_\tau}{n-\tau+1}$$

この関係式は $d_\tau = 1$ のときも成立する．

次に，打切り時間のみにタイがある場合を考える．ある時点 $t_{(\eta)}$ で打切り時間に c_η 個のタイがあった場合 ($t_{(\eta)} = t_{(\eta+1)} = \cdots = t_{(\eta+C\eta-1)}$)，生存率推定にはタイになっている被験者の並べ方は影響しないので，タイになっている c_η 名を被験者番号順に並べて順位を付与すると考える．

$$\hat{S}(t_{(\eta)}+) = \hat{S}(t_{(\eta-1)}) \cdot \frac{n-\eta+1-\delta_{(\eta)}}{n-\eta+1} \cdot \frac{n-\eta-\delta_{(\eta+1)}}{n-\eta} \cdot$$
$$\frac{n-\eta-1-\delta_{(\eta+2)}}{n-\eta-1} \cdots \cdot \frac{n-\eta-c_\eta+2-\delta_{(\eta+c_\eta-1)}}{n-(\eta+c_\eta-1)+1}$$

ここで，$\delta_{(\eta)}, \ldots, \delta_{(\eta+c_\eta-1)}$ は全部 0 であるから，右辺の 2 項目以降の各項はすべて 1 である．よって $\hat{S}(t_{(\eta)}+) = \hat{S}(t_{(\eta-1)})$ となり，打切り時間のみが観測された時点では，タイがあったとしても生存率の推定値が変化しないことも表現できている．

最後に，イベント発現時間と打切り時間の両方で同時にタイがある場合を考える．ある時点 $t_{(\tau)}$ でイベント発現時間に d_τ 個のタイおよび打切り

時間に c_τ 個のタイがあった場合は，打切り時間はイベント発現時間の直後に起きたという取り扱いの原則により，順位 τ から $\tau + d_\tau - 1$ まではイベント発現時間に，順位 $\tau + d_\tau$ から $\tau + d_\tau + c_\tau - 1$ までは打切り時間に付与される．前述の議論により，打切り時間にタイがあっても生存率の推定値は変化しない．

$$\hat{S}(t_{(\tau)}) = \hat{S}(t_{(\tau-1)}) \cdot \frac{n-\tau+1-d_\tau}{n-\tau+1}$$

$$(= \hat{S}(t_{(\tau+d_\tau)}) = \cdots = \hat{S}(t_{(\tau+d_\tau+c_\tau-1)}))$$

であることがわかる．$\hat{S}(t_{(\tau)})$ としては，最小となる推定値

$$\hat{S}(t_{(\tau-1)}) \cdot \frac{n-\tau+1-d_\tau}{n-\tau+1}$$

を用いる．以上より，$t = t_{(\tau)}$ でイベント発現時間に d_τ 個，打切り時間に c_τ 個のタイがある場合は，

$$\hat{S}(t_{(\tau)}) = \hat{S}(t_{(\tau-1)}) \cdot \frac{n-\tau+1-d_\tau}{n-\tau+1}.$$

A.3　方法 D における $\hat{S}(t)$ の表現（1.2.2 項）

まず，イベント発現時間 $t_{(j)}, j = 1, \ldots, n$ にタイはない場合（打切りの時間にはタイがあってもよい）を考える．イベント発現時間に付与された全体での昇順の順位を抽出するために，手順を 1 つ追加する．$t_{(j)}, j = 1, \ldots, n$ がイベント発現時間（$\delta_{(j)} = 1$）であれば，$r = j$ とし，それ以外では r は定義しない．$t_{(j)}$ がイベント発現時間であるものに限定してソートし，昇順の順序（ℓ）を r の添え字として用いる．今後，二重の下付き添え字が見づらい場合には表記は $r(\ell)$ も使用する．$r_{(1)}$（または $r(1)$）は最短のイベント発現時間の，イベント発現時間と観察打切りまでの時間全体での順位，$r_{(2)}$（または $r(2)$）は 2 番目に短いイベント発現時間の，イベント発現時間と観察打切りまでの時間全体での順位，一般に，$r_{(\ell)}$（または $r(\ell)$），$\ell = 1, 2, \ldots, q_D$ は ℓ 番目に短いイベント発現時間の，イベント発現時間と観察打切りまでの時間全体での順位とする．このとき，時間

A.3 方法 D における $\hat{S}(t)$ の表現（1.2.2 項）

t が $t_{(r(1))}$ より前 $(0 \leq t < t_{(r(1))})$ であれば，この間に打切り時間が観測されていたとしても $\hat{S}(t)$ は $\hat{S}(0)$ のままで，$\hat{S}(t) = \hat{S}(0) = 1$ である．

次に，$t = t_{(r(1))}$ では，リスク集合の大きさは $n - r_{(1)} + 1$ となり，$\delta_{(r(1))} = 1$ である．よって，

$$\hat{S}(t_{(r(1))}) = \hat{S}(t_{(r(1))}-) \cdot \left(1 - \frac{1}{n - r_{(1)} + 1}\right) = \hat{S}(0) \cdot \left(\frac{n - r_{(1)}}{n - r_{(1)} + 1}\right)$$

である．「$t_{(r(1))}-$」は $t_{(r(1))}$ よりも瞬間時間だけ前の時間であることを意味する．時間 t が，$t_{(r(1))} \leq t < t_{(r(2))}$ では，この間に打切り時間が観測されていたとしても $\hat{S}(t)$ は変化せず，$\hat{S}(t) = \hat{S}(t_{(r(1))})$ である．

$t = t_{(r(2))}$ ではリスク集合の大きさは $n - r_{(2)} + 1$ となり，

$$\begin{aligned}\hat{S}(t_{(r(2))}) &= \hat{S}(t_{(r(1))}) \cdot \left(1 - \frac{1}{n - r_{(2)} + 1}\right) \\ &= \hat{S}(0) \cdot \left(\frac{n - r_{(1)}}{n - r_{(1)} + 1}\right) \cdot \left(\frac{n - r_{(2)}}{n - r_{(2)} + 1}\right)\end{aligned}$$

である．

一般に，$t_{(r(\ell))}, \ell = 1, \ldots, q_D$ のリスク集合の大きさは $n - r_{(\ell)} + 1$ であり，$t = t_{(r(\ell))}$ でのハザードは $\frac{1}{n - r_{(\ell)} + 1}$，条件付き生存率は $1 - \frac{1}{n - r_{(\ell)} + 1} = \frac{n - r_{(\ell)}}{n - r_{(\ell)} + 1}$ となる．時間 t が $t_{(r(\ell))} < t < t_{(r(\ell+1))}, \ell = 1, \ldots, q_D - 1$ のいずれかであれば，そのような t では $\hat{S}(t)$ は変化せず，t をはさむ直前の時点 $t_{(r(\ell))}$ での $\hat{S}(t_{(r(\ell))})$ に等しい．すなわち，時間 t が $t_{(r(\ell))} < t < t_{(r(\ell+1))}, \ell = 1, \ldots, q_D - 1$ のいずれかであれば，

$$\hat{S}(t) = \hat{S}(t_{(r(\ell))}).$$

イベント発現時間 $t = t_{(r(\ell))}, \ell = 1, \ldots, q_D$ では，$\hat{S}(t_{(r(\ell))})$ は 1 つ前の r が定義されたイベント発現時点 $t_{(r(\ell-1))}$ での $\hat{S}(t_{(r(\ell-1))})$ に，その時点での条件付き生存率 $\frac{n - r_{(\ell)}}{n - r_{(\ell)} + 1}$ を掛けて得られる．すなわち，$t = t_{(r(\ell))}, \ell = 1, \ldots, q_D$ では

$$\hat{S}(t_{(r(\ell))}) = \hat{S}(t_{(r(\ell-1))}) \cdot \frac{n - r_{(\ell)}}{n - r_{(\ell)} + 1}$$

となる.ただし,$t_{(0)} = 0$ とする.以上を,t の範囲ごとにまとめると次のようになる.

$0 \leq t < t_{(r(1))}$ であるとき,
$$\hat{S}(t) = 1$$

$t_{(r(\ell))} \leq t < t_{(r(\ell+1))}, \ell = 1, \ldots, q_D - 1$ であるとき,
$$\hat{S}(t) = 1 \cdot \left(\frac{n - r_{(1)}}{n - r_{(1)} + 1}\right) \cdot \left(\frac{n - r_{(2)}}{n - r_{(2)} + 1}\right) \cdot \left(\frac{n - r_{(3)}}{n - r_{(3)} + 1}\right) \cdot$$
$$\cdots \cdot \left(\frac{n - r_{(\ell)}}{n - r_{(\ell)} + 1}\right).$$

$t = t_{(r(q_D))}$ であるとき,
$$\hat{S}(t) = 1 \cdot \left(\frac{n - r_{(1)}}{n - r_{(1)} + 1}\right) \cdot \left(\frac{n - r_{(2)}}{n - r_{(2)} + 1}\right) \cdot \left(\frac{n - r_{(3)}}{n - r_{(3)} + 1}\right) \cdot$$
$$\cdots \cdot \left(\frac{n - r_{(q_D)}}{n - r_{(q_D)} + 1}\right).$$

もし $\delta_{(r(q_D))} = 1$ であれば,$t \geq t_{(r(q_D))}$ では $\hat{S}(t)$ は 0 である.

タイがある場合は,方法 C の表現と同様である.

A.4　信頼係数 $100(1 - \alpha)\%$ の信頼帯(1.2.4 項)

t_* を,観測されたイベントの発現時間のうち最長の時間とする.$\hat{S}(t)$, $t \in [0, t_*]$ は KM 法による生存関数推定値で,t_* より後の時間では $\hat{S}(t)$ は変化しない.$[0, t_*]$ の時間範囲内で,信頼帯を推測する時間の範囲を (t_L, t_u) とおく.(t_L, t_u) に含まれるある時点 s での等精度信頼帯およびハル・ウェルナー信頼帯の端点はそれぞれ以下の式により求められる.

A.4.1　等精度信頼帯

(t_L, t_u) の条件は,$0 < t_L \leq s \leq t_u \leq t_*$ となる.
$$\hat{S}(s) \pm \Psi_{1-\alpha}(\hat{C}_1, \hat{C}_2) \cdot \hat{\nu}(s)$$

ここで，$\Psi_{1-\alpha}(\hat{C}_1, \hat{C}_2)$ は C_1, C_2 上のブラウン橋過程 (Brownian bridge process) を含む関数の絶対値の分布の $100(1-\alpha)$ パーセント点，$\hat{C}_1 = \dfrac{n\hat{\sigma}^2(t_L)}{1+n\hat{\sigma}^2(t_L)}, \hat{C}_2 = \dfrac{n\hat{\sigma}^2(t_u)}{1+n\hat{\sigma}^2(t_u)}$ で，ブラウン橋の絶対値を見るサポートの範囲を意味する．また，$\hat{\nu}(s)$ は時点 s での $\hat{S}(s)$ の分散推定値で，式 (1.13)（グリーンウッド式）により求められる．等精度信頼帯は帯の幅が時点ごとの信頼区間に比例するような構成法となっている．時点 s での $100(1-\alpha)\%$ 信頼区間の幅と信頼帯の幅は比が $\phi_{\alpha/2} : \Psi_{1-\alpha}(\hat{C}_1, \hat{C}_2)$ で一定になっている．$\Psi_{1-\alpha}(\hat{C}_1, \hat{C}_2)$ は，分母に項 $\hat{C}_1$ をもつ関数の積の分布の絶対値により定まるので，$\hat{C}_1 > 0$ で定義される．また，分布の絶対値を見るので，$100\left(1-\dfrac{\alpha}{2}\right)$ パーセント点ではなく $100(1-\alpha)$ パーセント点となる．

信頼帯は，$\log(-\log S(s))$ の信頼帯を等精度信頼帯の構成法により最初に求め，それを原尺度に変換し，$S(s)$ の信頼帯とすることも可能である．$S(s)$ の変換をもとに信頼帯を構成する場合も，(t_L, t_u) の条件は時間 0 を含まず，$0 < t_L \leq t_u \leq t_*$ となる．詳細は Andersen et al. (1993), Fleming and Harrington (1991) を参照してほしい．

A.4.2　ハル・ウェルナー信頼帯

(t_L, t_u) の条件は $0 = t_L \leq s \leq t_u \leq t_*$ となる．

$$\hat{S}(s) \pm H_{\hat{a},\alpha} \cdot \hat{S}(s) \frac{1+n\hat{\sigma}^2(s)}{\sqrt{n}} \tag{A.2}$$

ここで，

$$\hat{\sigma}^2(s) = \sum_{t_{(i)} \leq s} \frac{d_i}{N_i(N_i - d_i)} \tag{A.3}$$

で，$t_{(i)}, d_i, N_i$ の定義は式 (1.13) と同様である．n は被験者数である．

$\hat{a} = \hat{C}_2, H_{\hat{a},\alpha}$ は，$(0, \hat{C}_2)$ をサポートの範囲としたブラウン橋過程の絶対値の分布の $100(1-\alpha)$ パーセント点で，Hall and Wellner (1980, 表 1) に示されている．$\hat{a}$ は Hall and Wellner (1980, 表 1) の列に対応している．たとえば，$H_{0.5,0.05} = 1.273, H_{0.9,0.05} = 1.358$ である．$H_{\hat{a},\alpha}$ は $\hat{a}$ が 1 に近い場合は $H_{1.0,\alpha}$ と同じ値になる．右側打切りデータがない場合，

ハル・ウェルナー信頼帯はコルモゴロフ・スミルノフ検定の信頼領域に帰着する．コンピューターの性能が向上している現代では，$H_{\hat{a},\alpha}$ は数表を使わずに求められるので，$0 < t_L \leq s \leq t_u \leq t_*$ となる (t_L, t_u) 上のハル・ウェルナー信頼帯を求めることも可能である．その場合の $100(1-\alpha)$ パーセント点は $\hat{C}_1$ にも依存する．

$\log(-\log S(s))$ の $100(1-\alpha)\%$ 信頼帯をハル・ウェルナー信頼帯の構成法（以下の式 (A.4)）により最初に求め，それを原尺度に変換し，$S(s)$ の信頼帯とすることも可能である．このときの信頼帯は $0 < t_L \leq s \leq t_u \leq t_*$ 上で構成され，$t_L = 0$ は含まない．

$$\log(-\log(\hat{S}(s))) \pm H_{\hat{a},\alpha} \frac{(1+n\hat{\sigma}^2(s))}{\sqrt{n}|\log(\hat{S}(s))|} \quad (A.4)$$

で，$\sigma^2(s)$ は (A.3) で定義され，$\log(\hat{S}(s))$ の分散を推定している．

式 (A.4) より得られる信頼帯の下側端点，上側端点をそれぞれ $\hat{b}_L, \hat{b}_u$ とおく．このとき，$S(s)$ の信頼帯の端点はそれぞれ $\exp(-\exp(\hat{b}_L))$，$\exp(-\exp(\hat{b}_u))$ として求められる．ハル・ウェルナー信頼帯や等精度信頼帯を構成する時間帯は，イベントが観測された $(0, t_*)$ に含まれる任意の時間帯上でよい．$t=0$ を含むか否かは2つの信頼帯で若干の差異がある．詳細は Andersen et al. (1993), Fleming and Harrington (1991) を参照してほしい．Marubini and Valsecchi (2004) はコルモゴロフ・スミルノフ検定をもとにしてハル・ウェルナー信頼帯を求める数値例を示している．Marubini and Valsecchi (2004, p89) の数表は $(0, t_u)$ 上の信頼帯用である．

A.5　SASによるプログラミング例（1.2.4項）

次のプログラム A.1 により，KM 法で累積生存率を推定する．表 1.1 の時間を示す変数名は `time`，イベント／観察打切りの区別を示す列の変数名は c で，c=0 は打切りを意味する．KM 法の累積生存率の図示を行い，リスク集合の大きさは時間 0 から 40 まで 5 刻みごとに表示する．信頼区間 (CI) の推定は $\log(-\log)$ 変換，信頼帯 (CB) はハル・ウェルナー信頼帯（`cb=hw`）で，CB の端点算出には式 (A.4) を用いる．$S(t)$ の CI と

CB も図示する．SAS データセット (outsv) に結果を保存する際，CB はハル・ウェルナー信頼帯と等精度信頼帯の両方を保存する (CONFBAND=all)．図の時間軸は 0 から 40 までとする．

CI の推定をグリーンウッド式で，CB の推定を式 (A.2) により行う場合は，CONFTYPE=Loglog を CONFTYPE=LINEAR に置換する．図の CB を等精度信頼帯にする場合は，plots=survival(cl cb=hw) の cb=hw を cb=EP に置換する．

プログラム A.2 では，信頼帯を推定する時間の範囲を $24(t_L = 24)$ から $36(t_u = 36)$ までとし，推定方法は式 (A.2) を，CI の推定には式 (1.14) を用いる (CONFTYPE=LINEAR)．そのほかはプログラム A.1 と同一である．

プログラム A.1 時間 (0,40) における $S(t)$ の CI と CB の図示

```
ods graphics on;
proc lifetest data=input_data
plots=(survival(atrisk=0 to 40 by 5),ls,lls )
plots=survival(cl cb=hw ) CONFBAND=all   outsurv=outsv
  maxtime=40 CONFTYPE=Loglog;
    time   time*c(0);
  title '信頼帯の端点をファイルに保存する．CONFTYPE=Loglog cb=hw';
run;
ods graphics off;
```

プログラム A.2 時間 (24,36) における $S(t)$ の CI と CB の図示)

```
ods graphics on;
proc lifetest data=input_data   plots=survival(cl cb=hw)
bandmintime=24 bandmaxtime=36 CONFBAND=all   outsurv=outsv
  maxtime=40 CONFTYPE=LINEAR;
    time   time*c(0);
  title '信頼帯の端点をファイルに保存する．CONFTYPE=LINEAR cb=hw' ;
  bandmintime=24,bandmaxtime=36;
run;
ods graphics off;
```

参考文献

第 1 章

[1] Andersen, P. K., Borgan, O., Gill, R. D., and Keiding, N. (1993). *Statistical Models Based on Counting Process.* Springer-Verlag.

[2] Brookmeyer, R. and Crowley, J. J. (1982). A confidence interval for the median survuval time. *Biometrics*, **38**, 29-41.

[3] Cantor, A. B. and Shuster, J. J. (1992). Parametric versus non-parametric methods for estimating cure rates based on censored survival data. *Statistics in Medicine*, **11**, 931-937.

[4] Collett, D. (2003). *Modelling survival data in medical research.* Second Edition. CHAPMAN & Hall/CRC.

[5] Cox, D. R. and Oakes, D. (1984). *Analysis of survival Data.* Chapman and Hall.

[6] Efron, B. (1967). The two sample problem with censored data. *Proceeding of Fifth Berkeley Symposium*, **4**, 831-853.

[7] Efron, B. (1981). Censored data and bootstrap. *Journal of the American Statistical Association*, **76**, 312-321.

[8] Everitt, B. S. and Pickles, A. (2004). *Statistical aspects of the design and analysis of clinical trials.* Revised Edition. Imperial College Press, World Scientific Publishing.

[9] Flaherty, K. T. et al. (2012). Improved Survival with MEK Inhibition in BRAF-Mutated Melanoma. *The New England Journal of Medicine*, **367**, 107-14.

[10] Fleming, T. R. and Harrington, D. P. (1991). *Counting Process and Survival Analysis.* John Wiley & Sons.

[11] Gill, R. D. (1980). *Censoring and Stochastic Integrals.* Mathematical Centre Tracts 124. Mathematisch Centrum.

[12] Giuliano, A. E. et al.(2017). Effect of Axillary Dissection vs No Axillary Dissection on 10-Year Overall Survival Among Women With Invasive Breast Cancer and Sentinel Node Metastasis: The ACOSOG Z0011 (Alliance) Randomized Clinical Trial. *JAMA.* **318**, 918-926.

[13] Greenwood, M. (1926). The natural duration of cancer. *Reports on Public Health and Medical Subjects*, **33**, 1-26. Her Majesty's Stationery Office.

[14] Hall, W. J. and Wellner, J. A. (1980). Confidence bands for a survival curve

from censored data. *Biometrika*, **67**, 133-143.
- [15] Hanagal, D. D. (2011). *Modeling Survival Data Using Frailty Models*. Chapman and Hall/CRC.
- [16] Hosmer, D. W. and Lemeshow, S. (1999). *Applied Survival Analysis*. John Wiley & Sons.
- [17] Kalbfleisch, J. D. and Prentice, R. L. (1980). *The Statistical Analysis of Failure Time Data*. John Wiley & Sons.
- [18] Kalbfleisch, J. D. and Prentice, R. L. (2002). *The Statistical Analysis of Failure Time Data*. Second Edition. John Wiley & Sons.
- [19] Kaplan, E. L. and Meier, P. (1958). Nonparametric estimation from incomplete observations, *Journal of the American Statistical Association*, **53**, 457-481.
- [20] Klein, J. P. and Moeschberger, M. L. (2003). *Survival Analysis: Techniqus for Censored and Truncated Data*. Springer.
- [21] Kleinbaum, D. G. and Klein, M. (2005). *Survival Analysis A Self-Learning Text*. Second Edition. Springer.
- [22] Lawless, J. F. (2003). *Statistical Models and Methods for Lifetime Data*. Second Edition. John Wiley & Sons.
- [23] Lee, E. T. and Wang, J. W. (2003). *Statistical Methods for Survival Data Analysis*. Third edition. John Wiley & Sons.
- [24] Li, J. and Ma, S. (2013). *Survival Analysis in Medicine and Genetics*. Chapman and Hall/CRC.
- [25] Marubini, E. and Valsecchi, M. G. (2004). *Analysing Survival Data from Clinical Trials and Observational Studies*. Reprinted in paperback, John Wiley & Sons.
- [26] Nishikawa, M. and Tango, T. (2003a). Counter-intuitive properties of the Kaplan-Meier estimator. *Statistics and Probability Letters*, **65**, 353-361.
- [27] Nishikawa, M. and Tango, T. (2003b). Behavior of the Kaplan-Meier estimator for deterministic imputaions to interval-censored data and the Turnbull estimator. *Japanese Journal of Biometrics*, **24**, 71-94.
- [28] Pintilie, M. (2006). *Competing Risks, a Practical Perspective*. John Wiley & Sons.
- [29] Schaefer, F. et al.(2017). Association of Serum Soluble Urokinase Receptor Levels With Progression of Kidney Disease in Children. *JAMA Pediatr.* **171**: e172914.
- [30] Woolson, R. F. and Clarke, W. R. (2002). *Statistical Methods for the Analysis of Biomedical Data*. Second Edition. John Wiley & Sons.
- [31] Kleinbaum, D. G. and Klein, M.（著），神田英一郎・藤井朋子（翻訳）. (2015). *Survival Analysis a Self-Learning Text*. エモリー大学クラインバウム教授の生存時間解析. サイエンティスト社.

[32] Klein, J. P. and Moeschberger, M. L.（著），打波守（翻訳）．(2012)．*Survival Analysis-Second Edition*. 生存時間解析．丸善出版．
[33] Collett, D.（著），宮岡悦良他（翻訳）．(2013)．医薬統計のための生存時間データ解析 原著第 2 版．共立出版．
[34] Hosmer, D. W. et al.（著），五所正彦（監訳）．(2014)．*Applied Survival Analysis*. 生存時間解析入門 原書第 2 版．東京大学出版会．
[35] Matthews, D. E. and Farewell, V. T.（著），宮原英夫・折笠秀樹（監訳）．(2005)．*Using and Understanding Medical Statistics 3rd rev. ed.* 実践医学統計学．朝倉書店．
[36] Swinscow, T. D. V. and Campbell, M. J.（著），折笠秀樹（監訳）．(2003)．*Statistics at Square One 10th edition*. はじめて学ぶ医療統計学．総合医学社．
[37] Gardner, M. J. and Altman, D. G.（著），舟喜光一・折笠秀樹（翻訳）．(2001)．*Statistics with Confidence*．信頼性の統計学—信頼区間および統計ガイドライン—．サイエンティスト社．
[38] 赤澤宏平・柳川堯 (2010)．サバイバルデータの解析—生存時間とインベントヒストリーデータ—．近代科学社．
[39] 朝倉こう子・濱崎俊光 (2015)．医学データの統計解析の基本（第 5 回）生存時間データの解析．Drug Delivery System, **30**, 5, 474-484.
[40] 阿部貴行・佐藤裕史・岩崎学 (2013)．医学論文のための統計手法の選び方・使い方．東京図書．
[41] 今野秀二・味村良雄 (2012)．医学・薬学系のための生物統計学入門．ムイスリ出版．
[42] 大橋靖雄・浜田知久馬・魚住龍史 (2016)．生存時間解析 応用編：SAS による生物統計．東京大学出版会．
[43] 佐藤俊哉 (2005)．宇宙怪人しまりす医療統計を学ぶ．岩波書店．
[44] 丹後俊郎 (2013)．医学への統計学第 3 版．古川俊之監修．朝倉書店．
[45] 中村剛 (2001)．Cox 比例ハザードモデル．朝倉書店．

第 2 章
[46] 鎌倉稔成 (1995)．生存時間データの解析．医学統計学ハンドブック．8 章．宮原英夫・丹後俊郎編集．朝倉書店．

第 3 章
[47] Chen, D.-G., Sun, J., and Peace, K. E. eds. (2013). *Interval-censored Time-to-Event Data*. Chapman and Hall/CRC.
[48] De Gruttola, V. and Lagakos, S. W. (1989). Analysis of doubly-censored survival data, with application to AIDS. *Biometrics*, **45**, 1, 1-11.
[49] Dempster, A. P., Laird, N. M., and Rubin, D. B. (1976). Maximum likelihood from incomplete data via the EM algorithm (with discussion). *Journal of the Royal Statistical Association*, Series B **39**, 1-38.

[50] Finkelstein, D. M. (1986). A proportional hazards Model for interval-censored failure time data. *Biometrics*, **42**, 845-854.

[51] Gauvreau, K., Gauvreau, K., Degruttola, V., Pagano, M., and Bellocco, R. (1994). The effect of covariates on the induction time of AIDS using improved imputation of exact seroconversion times. *Statistics in Medicine*, 1994 Oct 15-30;13 (19-20):2021-30.

[52] Groeneboom, P. and Wellner, J. A. (1992). *Information bounds and non-parametric maximum likelihood estimation*, Deutsche Mathematiker-Vereinigung: DMV Seminar, Band 19. Birkhauser.

[53] Jongbloed, G. (1998). The iterative convex minorant for nonparametric estimation. *Journal of Computaional and Graphical Statistics*, 7, 310-321.

[54] Law, C. G. and Brookmeyer, R. (1992). Effects of mid-point imputation on the analysis of doubly censored data. *Statistics in Medicine*, **11**, 12, 569-578.

[55] Lindsey, J. C. and Ryan, L. M. (1998). Tutorial in biostatistics methods for interval-censored data. *Statistics in Medicine*, **17**, 219-238.

[56] Nishikawa, M. and Tango, T. (2003b). Behavior of the Kaplan-Meier estimator for deterministic imputaions to interval-censored data and the Turnbullestimator. *Japanese Journal of Biometrics*, **24**, 71-94.

[57] Pan, W. (2000). A two-sample test with interval censored data via multiple imputation. *Statistics in Medicine*, **19**, 1, 1-11

[58] Peto, R. (1973). Experimental survival curves for interval-censored data. *Applied Statistics*, **22**, 86-91.

[59] Peto, R. and Peto, J. (1972). Asymptotically efficient rank invariance test procedures (with discussion). *Journal of the Royal Statistical Association*, Series A, **135**, 185-206.

[60] Rubin, D. B. (1987). *Multiple Imputation for nonresponse in surveys*. John Wiley & Sons.

[61] Sun, J. (1995). Empirical estimation of a distribution function with truncated and doubly interval-censored data and its application to AIDS studies. *Biometrics*, **51**, 1096-1104.

[62] Sun, J. (2005). *The Statistical Analysis of Interval-censored Failure Time Data*. Springer.

[63] Taylor et al. (1990). Estimation the distribution of times from HIV seroconversion to AIDS using multiple Imputation. *Statistics in Medicine*, **9**, 505-514.

[64] Turnbull, B. W. (1976). The empirical distribution function with arbitrarily grouped, censored and truncated data. *Journal of the Royal Statistical Society*, Series B, **38**, 290-295.

[65] Wang, L.-Y. et al. (2017). Biomarkers identified for prostate cancer pa-

tients through genome-scale screening. *Oncotarget*. **8**. 10.18632/oncotarget.20739.

[66] Zhang et al. (2009). Journal of Statistical Computation and Simulation, **79**, 10, 1245-1257.

第 4 章

[67] Bentzen, S. M., Vaeth, M., Pedersen, D. E., and Overgaard, J. (1995). Why actuarial estimates should be used in reporting late normal-tissue effects of cancer treatment ... *now!*. *International Journal of Radiation Oncology Biology Physics*, **32**, 5, 1531-1534.

[68] Betensky, R. A. and Schoenfeld, D. A. (2001). Nonparametric Estimation in a Cure Model with Random Cure Times. *Biometrics*, **57**, 282-286.

[69] Braun, T. M. and Yuan, Z. (2007). Comparing the small sample performance of several variance estimators under competing risks. *Statistics in Medicine*, **26**, 1170-1180.

[70] Caplan, R. J., Pajak, T. F., and Cox, J. D. (1994). Analysis of the probability and risk of cause-specific failure. *International Journal of Radiation Oncology, Biology, Physics*, **29**, 1183-1186.

[71] Caplan, R. J., Pajak, T. F., and Cox, J. D. (1995). In response to Bentzen et al. *International Journal of Radiation Oncology, Biology, Physics*, **32**, 1547.

[72] Caplan, R. J., Pajak, T. F., and Cox, J. D. (1996). In response to Dr. Denham et al. *International Journal of Radiation Oncology, Biology, Physics*, **32**, 1547.

[73] Chappell, R. (1996). Re: Caplan et al. IJROBP 29:1183-1186; 1994, and Bentzen et al. IJROBP 32:1531-1534; 1995. *International Journal of Radiation Oncology, Biology, Physics*, **36**, 988-989.

[74] Choudhury, J. B. (2002). Non-parametric confidence interval estimation for competing risks analysis: application to contraceptive data. *Statistics in Medicine*, **21**, 1129-1144.

[75] Denham, J. W., Hamilton, C. S., and O'Brien, P. (1996). Regarding actuarial late effect analysis: Bentzen et al., IJROBP 32:1531-1534; 1995 and Caplan et al., IJROBP 32:1547; 1995. *International Journal of Radiation Oncology, Biology, Physics*, **35**, 197.

[76] Dinse, G. E. and Larson, M. G. (1986). A note on semi-Markov models for partially censored data. *Biometrika*, **73**, 379-386.

[77] Efron, B. (1967). The two sample problem with censored data. *Proceeding of Fifth Berkeley Symposium*, **4**, 831-853.

[78] Efron, B. (1982). *The Jackknife, the Bootstrap, and Other Resampling Plans*. Society for Industrial and Applied Mathematics.

[79] Farley, T. M. M., Ali, M. M., and Slaymaker, E. (2001). Competing approaches to analysis of failure times with competing risks. *Statistics in Medicine*, **20**, 3601–3610.

[80] Fine, J. P., Jiang H., and Chappell, R. (2001). On Semi-Competing Risks Data. *Biometrika*, **88**, 907–919.

[81] Gaynor, J., Feuer, E. J., Tan, C. C. et al. (1993). On the use of cause-specific failure and conditional failure probabilities: Examples from clinical oncology data. *Journal of the American Statistical Association*, **88**, 400–409.

[82] Gooley, T. A., Leisenring, W, Crowley, J, and Storer, B. E. (1999). Estimation of failure probabilities in the presence of Competing risks: New representation of old estimators. *Statistics in Medicine*, **18**, 695–706.

[83] Green, S., Benedetti, J., and Crowley, J. (2003). *Clinical Trial in Oncology, Interdisciplinary Statistics*. Second edition. Chapman & Hall/CRC.

[84] Kalbfleisch, J. D. and Prentice, R. L. (1980). *The Statistical Analysis of Failure Time Data*. John Wiley & Sons.

[85] Kalbfleisch, J. D. and Prentice, R. L. (2002). *The Statistical Analysis of Failure Time Data*. Second Edition. John Wiley & Sons.

[86] Klareskog, L, van der Heijde, D, de Jager, J. P. et al. (2004). Therapeutic effect of the combination of etanercept and methotrexate compared with each treatment alone in patients with rheumatoid arthritis: Double-blind randomised controlled trial. *Lancet*, **363**, 675–81

[87] Klein, J. P. and Moeschberger, M. L. (1997). *Survival Analysis: Techniques for Censored and Truncated Data*. Springer-Verlag.

[88] Kobayashi, H., Uchino, S., Takinami, M., and Uezono, S. (2017). The Impact of Ventilator-Associated Events in Critically Ill Subjects with Prolonged Mechanical Ventilation. *Respiratory Care*, **62**, 11, 1379–1386. doi: 10.4187/respcare.05073.

[89] Lawless, J. F. (2003). *Statistical Models and Methods for Lifetime Data*. Second edition. John Wiley & Sons.

[90] Lin, D. Y., Sun, W., and Ying, Z. (1999). Non-parametric estimation of the gap time distributions for serial events with censored data. *Biometrika*, **86**, 59–70.

[91] Lipsky, P. E., van der Heijde, D. M., St Clair, E. W. et al. (2000). Infliximab and methotrexate in the treatment of rheumatoid arthritis. *New England Journal of Medicine*, **343**,1594–602.

[92] Martelli, G., Boracchi, P., De Palo, M. et al. (2005). A randomized trial comparing axillary dissection to no axillary dissection in older patients with T1N0 breast cancer results after 5 years of follow-up. *Annals of Surgery*, **242**, 1–6.

[93] Marubini, E. and Valsecchi, M. G. (2004). *Analysing Survival Data from*

Clinical Trials and Observational Studies. Reprinted in paperback, John Wiley & Sons.

[94] Nishikawa, M., Tango, T., and Ogawa, M. (2006). Non-Parametric inference of adverse events under informative censoring, *Statistics in Medicine*, **25**, 3981-4003.

[95] Pepe, M. S. (1991). Inference for events with dependent risks in multiple endpoint studies. *Journal of the American Statistical Association*, **86**, 770-778.

[96] Pepe, M. S. and Mori, M. (1993). Kaplan-Meier, marginal, or conditional probability curves in summarizing competing risks failure time data? *Statistics in Medicine*, **12**, 737-751.

[97] Pintilie, M. (2006). *Competing Risks, a Practical Perspective*. John Wiley & Sons.

[98] Putter, H., Fiocco, M., and Geskus, R. B. (2007). Tutorial in biostatistics; Competing risks and multi-state models. *Statistics in Medicine*, **26**, 2389-2430.

[99] Schwarzer, G., Schumacher, M., Maurer, T. B., and Ochsner, P. E. (2001). Statistical analysis of failure times in total joint replacement. *Journal of Clinical Epidemiology*, **54**, 997-1003.

[100] Southern, D. A., Faris, P. D., Brant, R., Galbraith, P. D., Norris, C. M., Knudtson, M. L., Ghali, W. A., for the APPROACH Investigators. (2006). Kaplan-Meier methods yielded misleading results in competing risk scenarios. *Journal of Clinical Epidemiology*, **59**, 1110-1114.

[101] Tai, B. C., Peregoudov, A. and Machin, D. (2001). A competing risk approach to the analysis of trials of alternative intra-uterine devices (IUDs) for fertility regulation. *Statistics in Medicine*, **20**, 3589-3600.

[102] Tai, B. C., White, I. R., Gebski, V., and Machin, D.; On behlf of the EOI (The European Osteosarcoma Intergroup). (2002). On the issue of 'multiple' first failures in competing risks analysis. *Statistics in Medicine*, **21**, 2243-2255.

[103] Wang W. and Wells, M. T. (1998). Nonparametric estimation of succesive duration times under dependent censoring. *Biometrika*, **85**, 561-572.

[104] 西川正子 (2006). 有害事象の経時的発現状況の推測. 丹後俊郎, 上坂浩之編集. 臨床試験ハンドブック. 朝倉書店, 607-616.

索 引

【欧字】

$1-KME$, 127, 147-151, 157, 158
1 点代入法, 99, 107, 110, 112
CIFE, 147-150, 157, 159, 160
EM アルゴリズム, 107
MSE, 113, 114

【ア行】

安全性, 122

一致推定量, 153
イベント数, 17, 20, 24, 26, 30-32
イベントタイプ, 118, 120, 125, 128, 131, 132, 134, 136, 138, 139, 144
イベント発現, 132
イベント発現までの時間, 1, 7, 8, 10, 15, 24, 30, 73, 131, 134, 138, 139, 142, 145
因果関係, 122

打ち切り数, 17, 19, 21

【カ行】

階段関数, 22, 28, 40, 107
階段関数法, 110
介入処理, 2, 122, 124
確率的な代入方法, 99
確率分布, 105, 110, 113
確率密度関数, 12, 83, 89
偏り, 117, 121
カレンダー時間, 4, 7, 8

観察打切り, 1, 3-11, 15-28, 30-33, 59-65, 70, 73, 74, 78, 81, 116-118, 120, 121, 127, 128, 131, 132, 134, 138-140, 145-148, 153, 170
観察打切りになった区間, 95-99, 101-109, 113
観察打切りまでの時間, 4, 7, 8, 10, 15, 17, 24
観察打切り例, 3, 15
観察対象数, 15
関心を持つイベント, 124

器官大分類, 123
機序別ハザード, 129
期待値代入, 99
狭義の区間打切りデータ, 98, 107
競合しているイベント, 131, 136, 137, 140, 147, 157
競合しているイベントタイプ, 118, 120
競合している要因, 124
競合リスク（競合危険）, 10, 117-120, 122, 125, 127, 142, 160
競合リスクモデル, 130, 136
競合リスク要因, 118-121, 128, 138, 144, 146, 150, 156
許容幅, 96, 100, 108, 114, 125

区間打切り, 95-101, 104, 107, 109, 112
グリーンウッド式, 39, 46, 141
グループ化データ（区分データ）, 96
グレード, 142

索　引

形状パラメータ, 89, 91-93, 109
ケースⅠ区間打切り, 98
ケースⅡ区間打切り, 98, 104
欠測, 97
欠番, 17, 25, 31
原因, 118, 128, 138
原因 j, 129, 131
原因 j の条件付き確率, 130
原因 j の部分分布のハザード, 130
原因 j の部分密度, 130
原因別ハザード, 134, 143
原因別ハザード関数, 128
原因別累積ハザード, 129
検査時点, 96, 100, 105, 108, 112-114

構造の不変性, 147, 150
個数打切り, 3

【サ行】

最長の観察時間, 17, 24, 30, 32, 57
最長の観測値, 106
再発, 78, 95, 118, 130, 152
再発事象, 155

シーリングプロット, 137
時間打切り, 3
時間の起点, 123
自己一致アルゴリズム, 105, 107
指数分布, 83, 89, 91, 93
シミュレーション実験, 86, 93, 108
尺度パラメータ, 109
重症度（グレード）, 122, 125, 142
重症度別ハザード, 143
重症度別累積発生関数, 143
終了イベント, 120, 152
順位, 16, 17, 19, 20, 22, 23, 25, 26, 30, 36, 70, 166
準競合リスク, 121, 124
条件付き確率, 14, 18, 137, 144, 145, 147

条件付き生存率, 18, 24, 27, 29, 30, 33, 35, 165, 167
情報を持たない打切り, 154
情報を持つ打切り（情報を持つセンサー）, 10, 117
真値, 84, 108, 110
信頼区間, 14, 40, 57, 59, 107, 141
信頼帯, 14, 43

推定量, 14
スケールパラメータ, 83, 89, 91-93

正確なイベント発現時間, 98-100, 102, 110
生存関数, 2, 10, 14, 22, 24, 83, 84, 89-92, 104, 121, 143, 146, 153
生存関数推定値, 14, 22, 24, 28
生存時間解析, 1-3, 10, 29
生存時間関数, 10
生存時間中央値, 14, 22, 51
生存時間のパーセント点信頼区間, 52
生存時間分布, 108
生存率, 22, 26, 30, 31
生存率関数, 10
生存率曲線, 22
生存率推定値, 60, 63
生存率の推定方法, 19
線形内挿法, 107, 110
センサー, 3
センサー例, 3
全死亡, 121
全生存率, 130
全ハザード, 129
全累積ハザード, 129
全（事象）累積発生関数, 130

【タ行】

ターンブル法, 104, 107, 110, 112
タイ, 16-20, 24-26, 30-32, 35, 36, 128, 138, 140, 164-166

索　引

第 1 四分位点, 51
代入, 99, 104
タイプ I 打切り, 3, 6, 140
タイプ II 打切り, 3, 6
タイプ III 打切り, 9
タイプ別ハザード, 129

治癒, 10
中止, 2, 122-125, 127, 142, 146
中点代入, 99, 104, 112
注目しているイベント, 9, 137, 147, 148
注目しているイベントタイプ, 140
直感に反するような挙動, 65, 70
治療失敗, 118

追跡不能, 3, 9, 74, 78, 117

点推定, 14

等精度信頼帯, 43, 44, 57, 59, 168, 171
同等集合, 106-108, 110, 113
登録時点, 6-8
独立, 128
独立性, 121, 147, 150

【ナ行】

二項分布, 40, 54
二重対数変換, 40, 46
二重の区間打切り, 98

ノンパラメトリックな最尤推定量, 28, 105

【ハ行】

パーセント点, 46
バイアス, 110, 113, 114, 116, 117, 148
ハザード, 11, 18, 22, 29, 33, 36, 73, 76, 167

ハザード関数, 11, 12, 83, 84, 89-93
ハザード比, 116
ハザード率, 12
ハル・ウェルナー信頼帯, 43, 46, 169, 170

左端代入, 99, 112, 113
標準誤差, 39, 40, 44, 54, 99, 107, 112, 141
標本数, 86
標本の大きさ, 86

ブートストラップ法, 154
部分集団, 76, 81
部分的区間打切りデータ, 98-100
部分分布, 130
分散, 39, 107
分布関数, 130

平均二乗誤差 (MSE), 110

【マ行】

丸めの誤差, 16, 25, 31, 128

右側打切り, 97-104, 106, 109, 113, 114
右側再分配, 59, 61, 63, 148, 151
右側の縦軸（シーリングプロット）, 136, 144
右端代入, 99, 104, 112-115
密度関数, 84, 91, 93

無イベント生存率, 130, 159
無イベント率, 130, 132-134, 144, 150
無情報センサー, 3
無情報な打切り, 3, 5, 6, 8-10, 24, 78, 105, 109, 117, 118, 121, 124, 127, 128, 132, 138, 139, 146-150, 153-156
無増悪生存時間, 1, 74

無増悪生存率, 74, 100-104, 109, 110, 114
無病生存率, 114, 130

メモリーロス, 84

【ヤ行】

有害事象 (AE), 122
有効性, 122

【ラ行】

乱数の初期シード, 86
ランダムな打切り, 9

離散型時間, 134
離散型ハザード, 13
リスク集合, 15, 17, 18, 20, 22
リスク集合の大きさ, 15-22, 24-26, 30, 33, 57, 61-63, 65, 116, 134, 137, 139, 140, 144, 167, 170

率, 12, 129
理論値, 84

（累積）確率分布関数, 10
累積生存率, 18-20, 22, 26, 30, 31, 36, 37, 132, 170
累積同時発生関数, 152
累積ハザード, 147
累積ハザード関数, 12, 83, 89
累積発現率, 121, 125, 127, 128, 144, 147
累積発生関数 (CIF), 129, 146
累積分布関数, 83, 89

連続型変数, 11, 12, 138, 145

【ワ行】

ワイブル分布, 89, 109, 110
割合, 127, 140, 145, 146
割り付け, 123, 125

〈著者紹介〉

西川正子（にしかわ　まさこ）
九州大学理学部数学科卒業
広島大学大学院医歯薬学総合研究科展開医科学専攻修了
現　　在　東京慈恵会医科大学 臨床研究支援センター 教授
　　　　　博士（医学）
専　　門　医学生物統計学
主　　著　『臨床試験ハンドブック』（分担執筆，朝倉書店，2006）
　　　　　『医学統計学の事典』（分担執筆，朝倉書店，2010）
　　　　　『統計応用の百科事典』（分担執筆，丸善出版，2011）など

統計学 One Point 12	著　者	西川正子 ⓒ 2019
カプラン・マイヤー法	発行者	南條光章
―生存時間解析の基本手法―	発行所	共立出版株式会社
Kaplan Meier Estimator:		〒112-0006
Basic Method for		東京都文京区小日向 4-6-19
Survival Data Analysis		電話番号　03-3947-2511（代表）
2019 年 4 月 30 日　初版 1 刷発行		振替口座　00110-2-57035
		www.kyoritsu-pub.co.jp
	印　刷	大日本法令印刷
	製　本	協栄製本

検印廃止
NDC 417, 461.9
ISBN 978-4-320-11262-9

一般社団法人
自然科学書協会
会員

Printed in Japan

JCOPY ＜出版者著作権管理機構委託出版物＞
本書の無断複製は著作権法上での例外を除き禁じられています．複製される場合は，そのつど事前に，
出版者著作権管理機構（TEL：03-5244-5088，FAX：03-5244-5089，e-mail：info@jcopy.or.jp）の
許諾を得てください．

医薬統計のための生存時間データ解析

【原著第2版】

David Collett[著]
宮岡悦良[監訳]
グラクソ・スミスクライン株式会社バイオメディカルデータサイエンス部／安藤英一・今井由希子・遠藤 輝・兼本典明・張 方紅・寺尾 工・橋本浩史・本間剛介[訳]

菊判・上製・442頁・定価（本体7,500円＋税）・ISBN978-4-320-11035-9

▶生存時間データ解析についての定評のある解説入門書！

CONTENTS

1 生存時間解析
2 ノンパラメトリックな手法
3 生存時間データのモデル化
4 コックス回帰モデルにおけるモデル診断
5 パラメトリック比例ハザードモデル
6 加速モデルと他のパラメトリックなモデル
7 パラメトリックモデルのモデル診断
8 時間依存性変数
9 区間打ち切りの生存時間データ
10 生存時間解析における必要被験者数
11 その他の話題
12 生存時間解析のためのコンピュータソフトウェア

医薬データ解析のためのベイズ統計学

Emmanuel Lesaffre・Andrew B.Lawson[著]
宮岡悦良[監訳]
遠藤 輝・安藤英一・鎗田政男・中山高志／グラクソ・スミスクライン株式会社バイオメディカルデータサイエンス部[訳]

菊判・上製・658頁・定価（本体9,000円＋税）・ISBN978-4-320-11114-1

ベイズ統計学の入門から医薬統計分野への応用まで豊富な事例を用いて解説！

CONTENTS

第Ⅰ部　ベイズ法の基本概念
統計的推測の方法／ベイズの定理：事後分布の計算／ベイズ推測入門／複数のパラメータ／事前分布の選択／マルコフ連鎖モンテカルロサンプリング／マルコフ連鎖の収束の評価と改善／ソフトウェア

第Ⅱ部　統計モデルのためのベイズ法
階層モデル／モデル構築とモデル評価／変数選択

第Ⅲ部　ベイズ法の応用
バイオアッセイ／測定誤差／生存時間解析／経時的解析／空間データへの応用：疾病地図と画像解析／最終章

（価格は変更される場合がございます）

共立出版

https://www.kyoritsu-pub.co.jp/
https://www.facebook.com/kyoritsu.pub